高等学校机械类专业系列教材

# 机械基础实验

苗鸿宾　编著

西安电子科技大学出版社

## 内 容 简 介

本书是为适应工科机械基础实验课程改革要求，着力提高学生的学习能力、实践能力和创新能力，帮助高等工科院校机械类、近机械类、非机械类学生学习机械原理、机械设计和机械设计基础课程而编写的。全书共分为两篇，上篇为机械原理类实验，下篇为机械设计类实验，附录给出了实验题目、组(部)件清单、实验报告。

本书可作为高等工科院校机械类及近机械类专业机械原理、机械设计、机械设计基础课程的实验教材，也可作为有关人员进行教学、科研和工程实践的参考书。

**图书在版编目(CIP)数据**

机械基础实验 / 苗鸿宾编著. —西安：西安电子科技大学出版社，2022.4(2025.3 重印)
ISBN 978-7-5606-6421-7

Ⅰ. ①机… Ⅱ. ①苗… Ⅲ. ① Ⅳ. 机械学—实验—高等学校—教材 ① TH11-33

中国版本图书馆 CIP 数据核字(2022)第 052440 号

策　　划　薛英英
责任编辑　陈　婷
出版发行　西安电子科技大学出版社(西安市太白南路 2 号)
电　　话　(029)88202421　88201467　　邮　　编　710071
网　　址　www.xduph.com　　电子邮箱　xdupfxb001@163.com
经　　销　新华书店
印刷单位　陕西天意印务有限责任公司
版　　次　2022 年 4 月第 1 版　2025 年 3 月第 4 次印刷
开　　本　787 毫米×1092 毫米　1/16　印张 15
字　　数　350 千字
定　　价　36.00 元(含实验报告)
ISBN 978-7-5606-6421-7
**XDUP 6723001-4**

# 前　言

为加快建设制造强国，推动制造业、高端化、智能化、绿色化发展，需要培养具有工程实践能力和创新能力的高素质人才。而机械原理、机械设计、机械设计基础课程对培养学生的工程实践能力和创新能力具有无可替代的重要作用。以往的课程教学往往着重理论知识培养，忽视应用能力和创造能力的培养，使传授知识与培养能力相脱离，造成工程实践环节教学薄弱，使得学生实践知识不足，这与课程实践性强的特点形成了突出的矛盾。为适应新的教学要求，必须开展相应的教学改革。

中北大学机械基础实验教学中心是省级示范教学中心，在教育部、山西省教学改革与创新项目的支持下开展了实践环节的教学改革，获得了 2 项省级教学成果特等奖、2 项省级教学成果一等奖、2 项省级教学成果二等奖。本书正是以教学改革成果为基础，以学生机械设计能力和创新能力培养为主线，以加强工程实践教育为核心，以机械设计与创新过程为内容，结合机械基础实验教学改革的基本思路与改革成果编写而成的一本机械基础实验课程指导书。本书包含了机械原理类实验、机械设计类实验，突出了实验的基础性、综合性、设计性、创新性，以适应不同层次学生的实验需求，对学生工程实践能力和创新能力的培养具有重要的指导作用。

本书由中北大学机械基础实验教学中心组织编写，苗鸿宾教授担任主编，参加编写的教师有杨芬、李景泓、武建德、董振、陈振亚、乔峰丽、薄瑞峰、梅瑛、张清、孙虎儿、董亚峰、李戈、马长安、高俊华、郭平英。

由于作者水平有限，书中难免存在不足之处，恳切希望广大读者批评指正。

作　者

2022 年 1 月

# 目　录

# 实 验 须 知

为了培养学生严肃认真和一丝不苟的工作作风，保证教学实验顺利进行，达到实验教学的要求和目的，每个参加实验的学生应注意如下几个方面。

## 一、做实验前的准备工作

(1) 认真预习实验指导书，并复习教材中的有关内容，明确实验的目的、方法和步骤。

(2) 根据实验所要求的内容，结合所学有关理论知识，弄清楚与实验有关的基本原理。

(3) 对实验中所用到的仪器、设备和工具有一定的了解，规定学生自备的物品一定要准备齐全。

## 二、遵守实验室的规章制度

(1) 学生必须按时参加课内实验，不得迟到、早退，无故不参加实验者，记为旷课。学生需要在课外自由进行实验时，必须填写实验申请单，执行实验中心有关规定，并得到实验室工作人员的同意，方可进行。

(2) 实验室要保持清洁、卫生，不准乱抛纸屑，不准随地吐痰，严禁吸烟，不得高声喧哗和打闹，实验时应严肃认真，保持安静。

(3) 在实验过程中要集中精力，认真操作，仔细观察各种机器的工作过程和组成原理，做好记录，分析机器的运动方案，以巩固理论，培养独立分析解决问题的能力。

(4) 爱护仪器和设备，严格遵守操作规程，如发现仪器设备有异常现象，应立即切断电源，停止实验，保持现场状况，并马上将详细情况向指导教师报告，待查明原因，并作出妥善处理后，才能继续进行实验。

(5) 实验完毕，应及时关闭实验室内的电源和水源。要把实验用的工具、器材等整理放好。当面向指导教师交代清楚，在指导教师同意后，方可离开实验室。

(6) 爱护实验室的一切财物，凡与本次实验无关的仪器与设备切勿任意动用。凡违反操作规程或擅自动用其它仪器设备致使损坏者，根据情节要给予批评或处分，并要按规定赔偿损失。

(7) 实验完毕，应将设备及仪器擦拭干净，并恢复到原来的状态。

(8) 凡在实验室进行实验的学生，必须遵守本实验须知，否则指导教师有权停止其参加实验。

## 三、认真做好实验

(1) 认真听指导老师对实验的讲解。实验时，应保持严格的作风，认真细致地按照实验指导书中所要求的实验方法和步骤进行。

(2) 实验是培养学生动手操作能力的重要环节，因此每个学生都必须自己动手，完成所有的实验环节。

## 四、实验报告的一般内容与要求

实验报告是实验的总结。通过书写实验报告，可以提高学生的分析能力，因此每个学生必须独立完成实验报告，并对每个实验做到原理清楚，方法正确，数据准确可靠，实验报告书写工整。

一般实验报告应具有下列基本内容：

(1) 实验名称、实验日期、实验者及同组人员。

(2) 实验所用的仪器和设备的名称、型号(及编号)、精度及量程等。

(3) 实验目的、原理、方法及步骤简述。

(4) 实验数据及其处理。实验数据应包括全部实验的原始测量数据，并注明数据单位，最好以表格形式记录，列出数据的运算过程，并进行数据处理和误差分析。

## 五、实验成绩

(1) 根据学生参加实验的态度和表现，老师在审阅报告的基础上，按百分制评定实验成绩。

(2) 未完成所规定的实验或实验成绩不及格者，应补做或重做实验。

(3) 本课程的实验成绩，按比例计入本课程的总评成绩或单独计算成绩。

# 机械原理类实验

# 实验一 机构运动简图测绘实验

## 一、实验预习

(1) 什么是机构运动简图？
(2) 机构运动简图应说明哪些问题？
(3) 机构具有确定运动的条件是什么？
(4) 什么是运动副和运动副元素，如何区分平面机构中的高副和低副？

## 二、实验目的

(1) 通过实验正确掌握绘制机构运动简图的方法和技能。
(2) 能利用机构运动简图来计算机构的自由度并判别机构是否具有确定的运动。

## 三、实验设备与工具

(1) 牛头刨床等各种机器实物和机构模型。
(2) 量具，包括卷尺、钢板尺等。
(3) 铅笔、橡皮、草稿纸等。

## 四、实验原理

从运动学观点来看，机构的运动仅与组成机构的构件和运动副的数目、种类以及它们之间的相互位置有关，而与构件的外形、断面大小、运动副的构造无关。为了简单明了地表示一个机构的运动情况，可以不考虑那些与运动无关的因素(机构外形、断面尺寸、运动副结构)，而用一些简单的线条和规定的符号来表示构件和运动副的相对位置，以表明机构的运动特性。平面运动副如表 1.1 所示。

## 五、实验方法与步骤

### 1. 观察并分析机构

首先仔细观察机构是由几个构件组成的，然后从原动件开始，观察机构的传动路线是怎样的，原动件是哪个，执行件是哪个，各构件之间是否有相对运动，构件之间是如何连接的，有几个运动副，特别要注意那些运动量微小的构件，千万不要把它们当作刚性构件。

表 1.1　平面运动副

| 运动副的名称 | 运动副的符号 | |
|---|---|---|
| | 两运动构件构成的运动副 | 两构件之一固定时的运动副 |
| 转动副 | 2 2 2 2<br>1 1 1 | 2 2 2 2<br>1 1 1 1 |
| 移动副 | 1 1<br>2 2<br>1 1 | 2 2<br>1 1<br>2 2<br>1 1 |
| 平面高副 | 2<br>1 | 2<br>1 |

**2. 绘制简图**

首先选择大多数构件的运动平面作为机构运动简图的投影平面，具体到实验模型就选择模型的底板作为机构运动简图的绘制平面；其次要选择机构的一般位置，不要选择特殊位置，要以能清楚地表达机构的运动情况为原则，用简单的线条和规定符号表示构件和运动副的相对位置，并画出草图。

**3. 测量尺寸**

(1) 测绘出主要构件的尺寸，对构件编码后把测量的实际尺寸写在草图的旁边。

(2) 测绘出各机架之间的安装尺寸(如回转副的中心距和移动副导路间的相对位置)，将尺寸标注在简图上。

**4. 计算自由度**

(1) 利用所绘制的机构运动简图，计算出机构的自由度。

(2) 查看计算结果是否与实际机构的运动情况相吻合。

(3) 在机构运动简图上用箭头标出原动件。

## 六、实验内容

(1) 提高学生对机构运动的感性认识，会把实际机械的连接抽象成简单的运动副符号。

(2) 会正确使用比例尺画图，正确使用各运动副符号，并对运动简图作合理的尺寸标注，对原动件作标注。

(3) 对机构进行自由度计算，并判明机构是否有确定的运动。

# 实验二　机构认知实验

## 一、实验目的

(1) 了解常用基本机构的结构、特点、类型及应用。

(2) 了解机构的组成和运动传动过程。

(3) 初步了解机构的组成原理，加深对机构的总体认识。

(4) 通过拼装演示，比较各种平面机构，加深对机构结构的认识，建立对机构的感性认识。

## 二、实验设备与工具

### 1. 机械原理语音多功能控制陈列柜

机械原理语音多功能控制陈列柜主要展示平面连杆机构、空间连杆机构、凸轮机构、齿轮机构、轮系、间歇机构以及组合机构等常见机构的基本类型和应用，演示机构的传动原理。

### 2. JXCZ-JY 机械基础实验创意搭接实训平台

JXCZ-JY 机械基础实验创意搭接实训平台用于实验室演示机构的运动，供学生动手拼装实验，是学习平面机构认知的理想教学实验装备。本平台能够组装演示的平面机构有平面连杆机构 14 种、凸轮机构 7 种、定轴轮系 2 种、2K-H 周转轮系 1 种、摆线针轮机构 1 种、棘轮机构 4 种、槽轮机构 2 种、不完全齿轮机构 1 种，共 32 种。JXCZ-JY 机械基础实验创意搭接实训平台如图 2.1 所示。

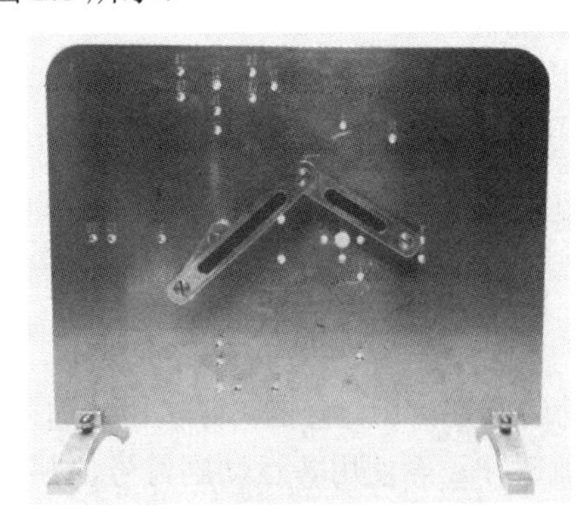

图 2.1　JXCZ-JY 机械基础实验创意搭接实训平台

机械基础实验创意搭接实训平台说明表如表 2.1 所示。

**表 2.1　机械基础实验创意搭接实训平台说明表**

| 序号 | 机构名称 | 固定铰链在演示板中的位置(固定螺钉位置) | 主要零件(括号内的数字为非 1 的数量) | 类型说明 |
|---|---|---|---|---|
| 1 | 曲柄摇杆机构 | A、6 | 2、8、12 | 铰链四杆机构(平面四杆机构的基本型，四个转动副) |
| 2 | 双摇杆机构 | A、5 | 5、10、13 | |
| 3 | 双曲柄机构 | A、H2、H3 | 3、15、8、26、35(2) | |
| 4 | 平行四边形机构 | A、6 | 8、42、43 | 特殊的双曲柄机构 |
| 5 | 反平行四边形机构 | A、6 | 8、42、43 | |
| 6 | 曲柄滑块机构 | A、D3、6 | 2、12、16、17 | 平面四杆机构的演化型(三个转动副和一个移动副) |
| 7 | 回转导杆机构 | A、H1、H2 | 4、9、39、14、32(2) | |
| 8 | 曲柄摇块机构 | B、H2、H3 | 1、20、14、26、35(2) | |
| 9 | 直动滑杆机构 | 8、9 | 11、12、14、36 | |
| 10 | 摆动导杆机构 | A、5 | 4、20、14、30 | |
| 11 | 偏心轮机构 | A、1、2 | 16、17、40、41 | |
| 12 | 正弦机构 | A、D3、6 | 1、17、22、34(2)、37 | 双滑块机构(两个转动副和两个移动副) |
| 13 | 正切机构 | A、3、4 | 6、17、20、14、31(2) | |
| 14 | 椭圆仪机构 | A、G1、G2、G3 | 1、7(2)、21、28、31(3) | |
| 15 | 对心尖顶移动推杆盘形凸轮机构 | A、E3、E4 | 44、46、53 | 对心移动推杆盘形凸轮机构 |
| 16 | 对心平底移动推杆盘形凸轮机构 | A、E3、E4 | 46、51、53 | |
| 17 | 对心滚子移动推杆盘形凸轮机构 | A、E1、E2 | 53、48、49、50、97 | |
| 18 | 尖顶摆动推杆盘形凸轮机构 | A、F1 | 53、55、34 | 摆动推杆盘形凸轮机构 |
| 19 | 滚子摆动推杆盘形凸轮机构 | A、F1 | 53、56、57 | |
| 20 | 平底摆动推杆盘形凸轮机构 | A、F1 | 53、54、34 | |
| 21 | 几何封闭凸轮机构 | A、E3、E4 | 48、53、59、98 | 几何封闭凸轮机构 |
| 22 | 外啮合直齿圆柱齿轮传动 | A、B | 61、62 | |
| 23 | 内啮合直齿圆柱齿轮传动 | A、C | 63、64、65 | |
| 24 | 2K-H 周转轮系 | A、G1、G2、G3、10、11 | 72、74、75、76(4) | |
| 25 | 摆线针轮机构 | A、D1、D2、D3、D4 | 66、67、68(2)、69、71(12)、73 | |

续表

| 序号 | 机构名称 | 固定铰链在演示板中的位置(固定螺钉位置) | 主要零件(括号内的数字为非1的数量) | 类型说明 |
|---|---|---|---|---|
| 26 | 外接式棘轮机构 | A、3 | 77、78(2)、79 | |
| 27 | 内接式棘轮机构 | A、G1 | 89、90、91、99 | |
| 28 | 双动式棘轮机构 | A、J | 77、92(2)、93 | |
| 29 | 双向棘轮机构 | A | 79、94、96 | |
| 30 | 外槽轮机构 | A、B | 85、86、87、88 | |
| 31 | 内槽轮机构 | A、C | 80、81 | |
| 32 | 外啮合不完全齿轮机构 | A、B | 83、84 | |

机械基础实验创意搭接实训平台机构如图2.2～图2.33所示。

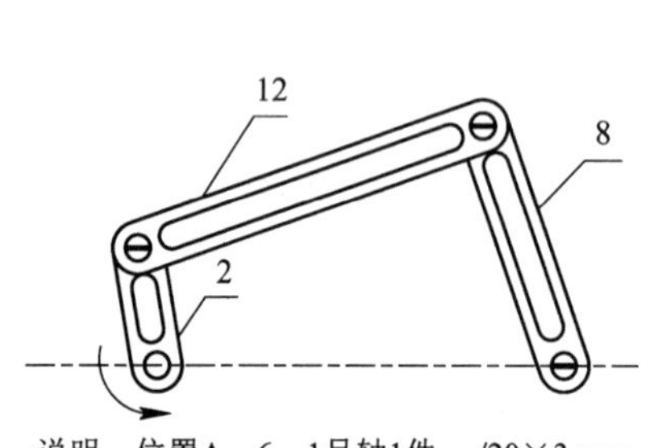


说明：位置A、6，1号轴1件，$\phi$20×3 mm垫圈1件，台阶螺栓3件。

图2.2　曲柄摇杆机构

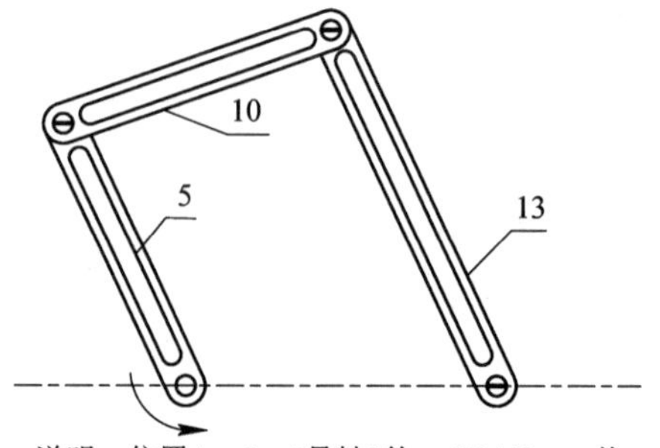


说明：位置A、5，1号轴1件，$\phi$20×3 mm垫圈1件，台阶螺栓3件。

图2.3　双摇杆机构

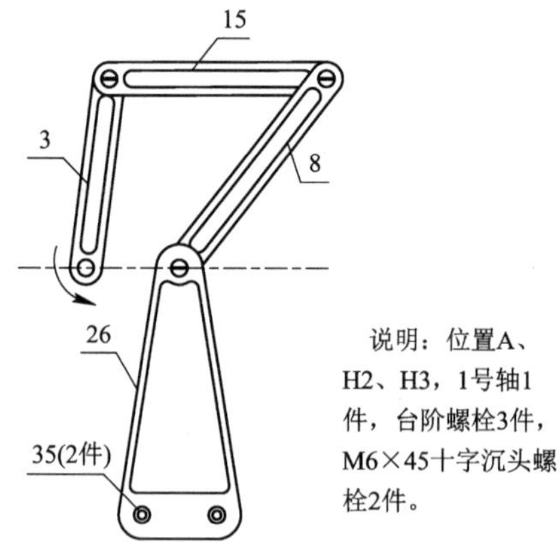


说明：位置A、H2、H3，1号轴1件，台阶螺栓3件，M6×45十字沉头螺栓2件。

图2.4　双曲柄机构

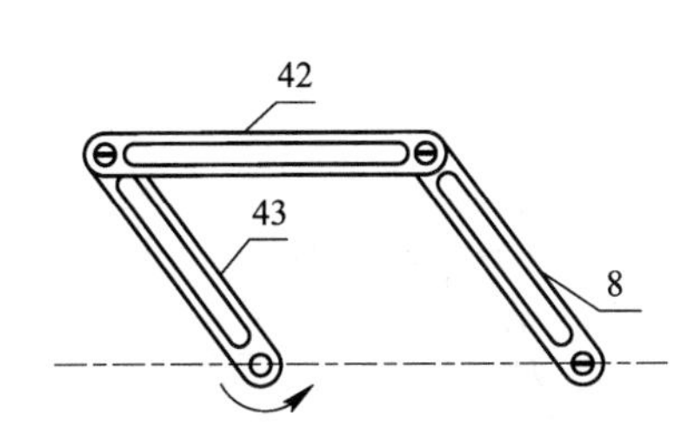


说明：位置A、6，1号轴1件，$\phi$20×3 mm垫圈1件，台阶螺栓3件。

图 2.5　平行四边形机构

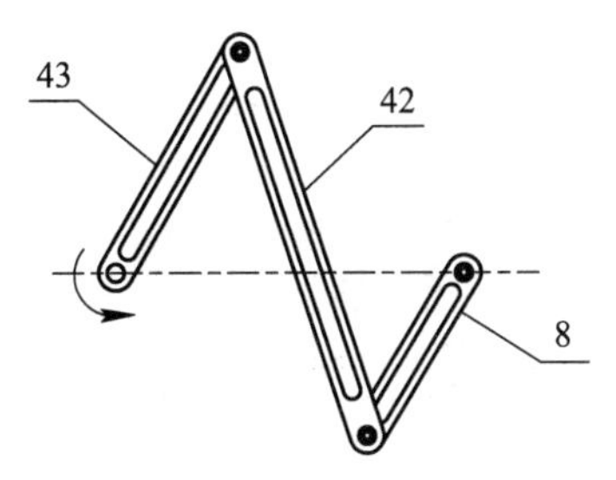


说明：位置A、6，1号轴件，$\phi$20×3 mm垫圈1件，台阶螺栓3件。

图 2.6　反平行四边形机构

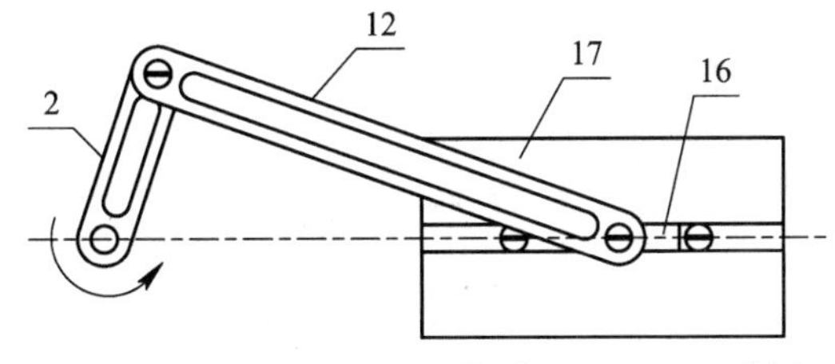


说明：位置A、D3、6，2号轴1件，$\phi$20×3 mm垫圈1件，台阶螺栓2件，M6×16十字沉头螺栓2件。

图 2.7　曲柄滑块机构

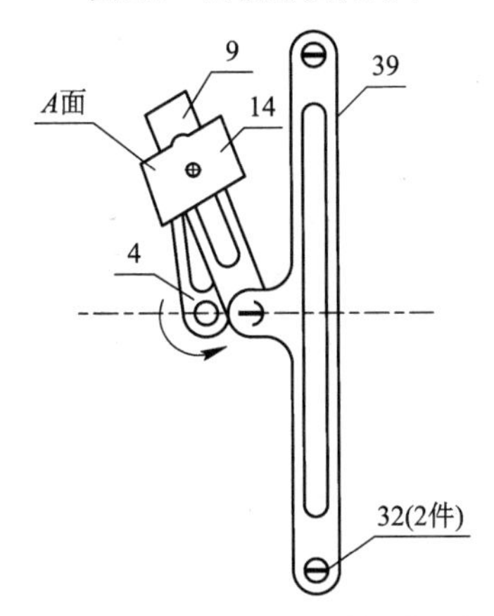


说明：位置A、H1、H2，1号轴1件，台阶螺栓2件，M6×50十字沉头螺栓2件。

图 2.8　回转导杆机构

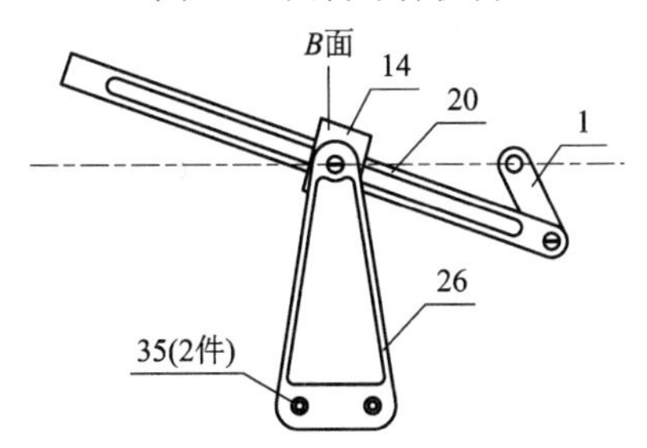


说明：位置B、H2、H3，1号轴1件，台阶螺栓2件，M6×40十字沉头螺栓2件。

图 2.9　曲柄摇块机构

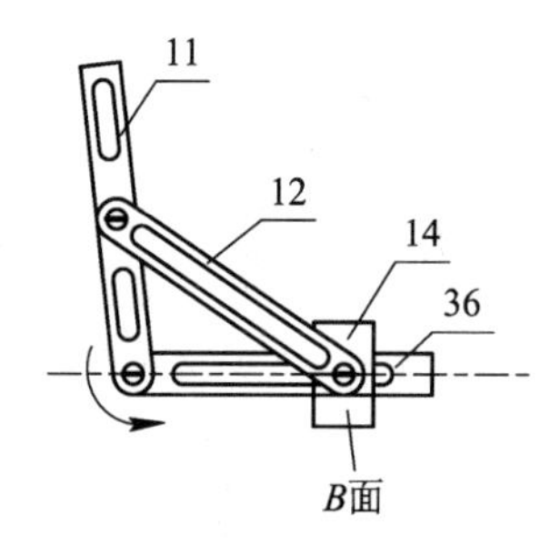


说明：位置8、9，台阶螺栓3件，M6×30十字沉头螺钉2件。

图 2.10　直动滑杆机构

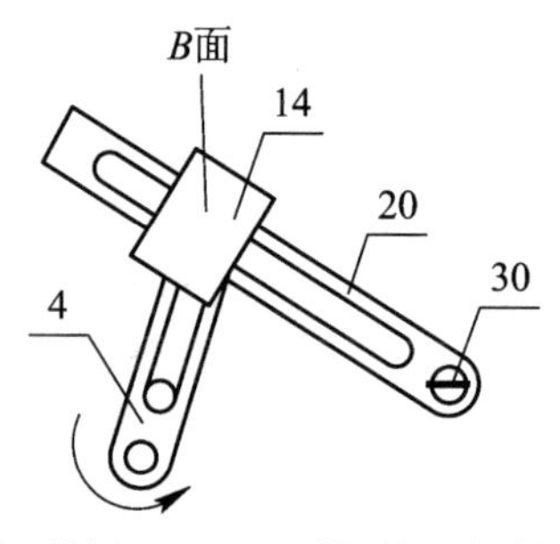


说明；位置A、5，1号轴1件，台阶螺栓1件，台阶螺丝(短丝)1件。

图 2.11　摆动导杆机构

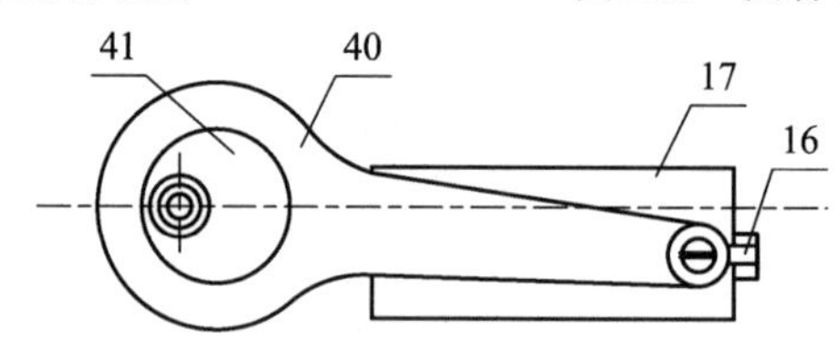


说明：位置A、1、2，3号轴1件，圆柱套7 mm厚一个，台阶螺丝一个，十字沉头M6×16两个。

图 2.12　偏心轮机构

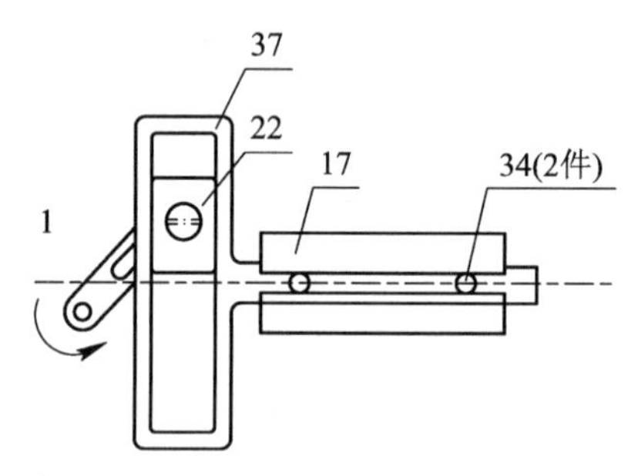


说明：位置A、D3、6，1号轴1件，台阶螺栓1件，M6×16十字沉头螺栓2件。

图 2.13　正弦机构

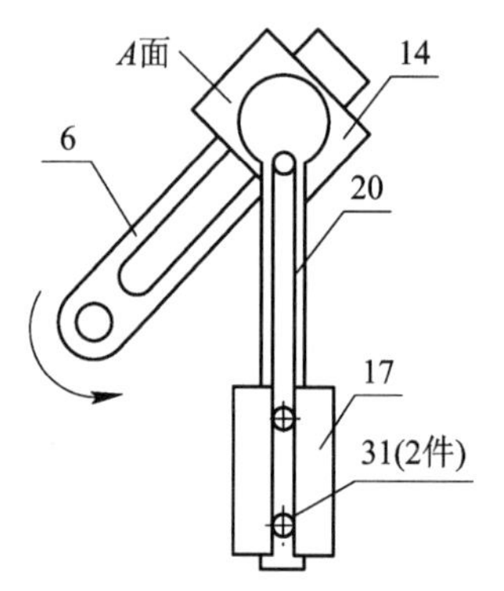


说明：位置A、3、4，2号轴1件，台阶螺栓1件，M6×35十字沉头螺栓2件。

图 2.14　正切机构

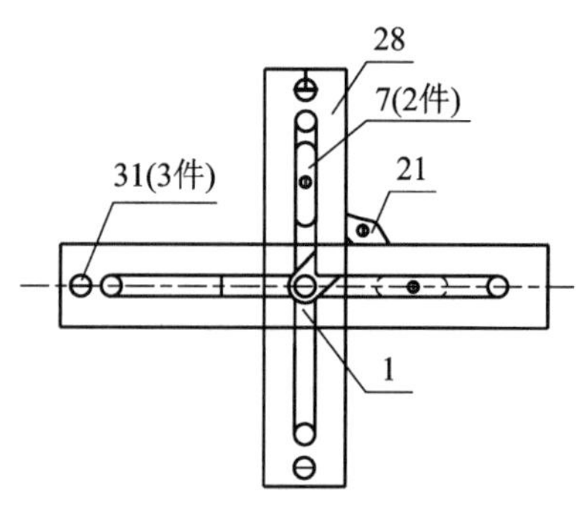


说明：位置A、G1、G2、G3，1号轴1件，台阶螺栓1件，M6×35十字沉头螺栓3件。

图 2.15　椭圆仪机构

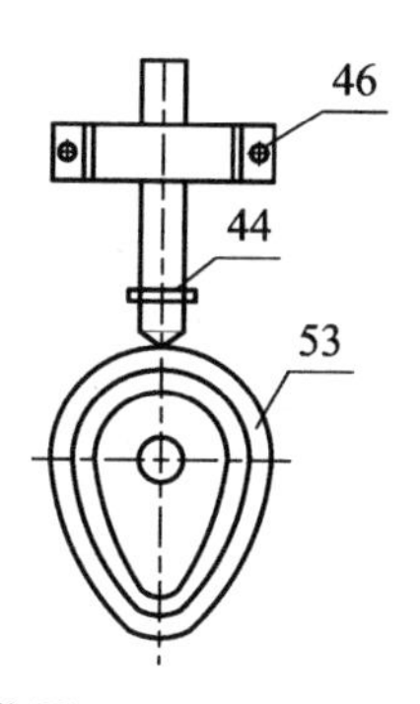


说明：位置A、E3、E4，4号轴1件，一字圆柱头螺钉M6×16两件。

图 2.16　对心尖顶移动推杆盘形凸轮机构

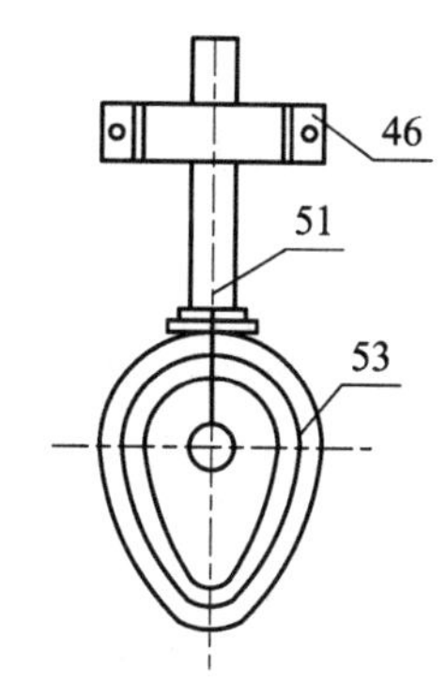


说明：位置A、E3、E4，4号轴1件，一字圆柱头螺钉M6×16两件。

图 2.17　对心平底移动推杆盘形凸轮机构

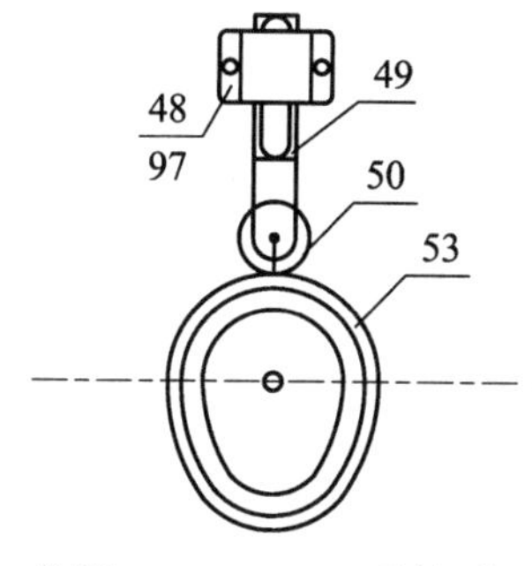


说明：位置A、E1、E2，4号轴1件，十字圆柱头M6×16一件，十字沉头螺钉M6×25两件。

图 2.18　对心滚子移动推杆盘形凸轮机构

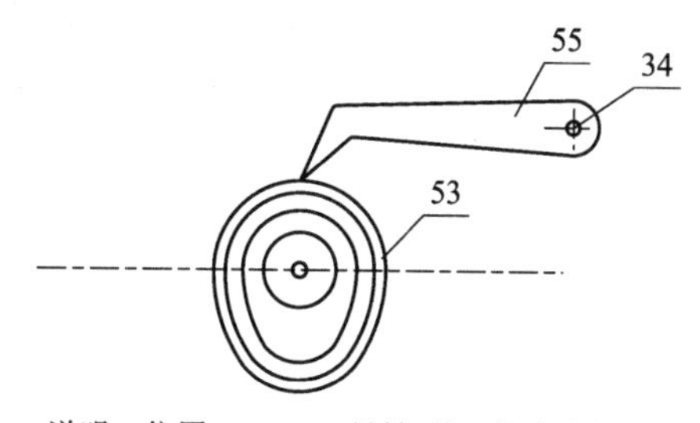


说明：位置A、F1，4号轴1件，铜台阶螺栓1件，$\phi$20×10 mm垫圈1件。

图 2.19　尖顶摆动推杆盘形凸轮机构

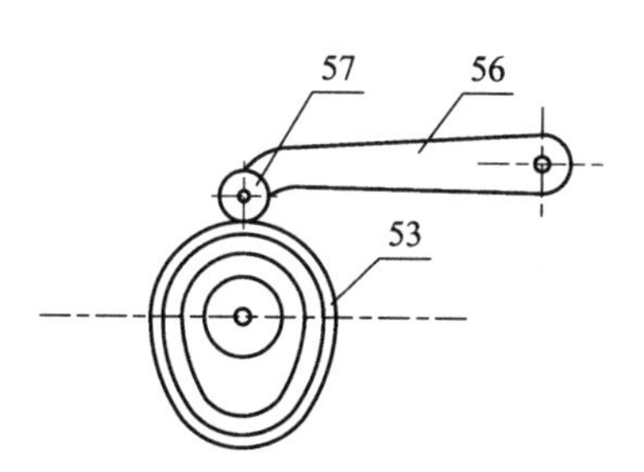


说明：位置A、F1，4号轴1件，$\phi$20×3 mm垫圈1件，铜台阶螺栓1件，十字圆柱头M6×16一件。

图 2.20　滚子摆动推杆盘形凸轮机构

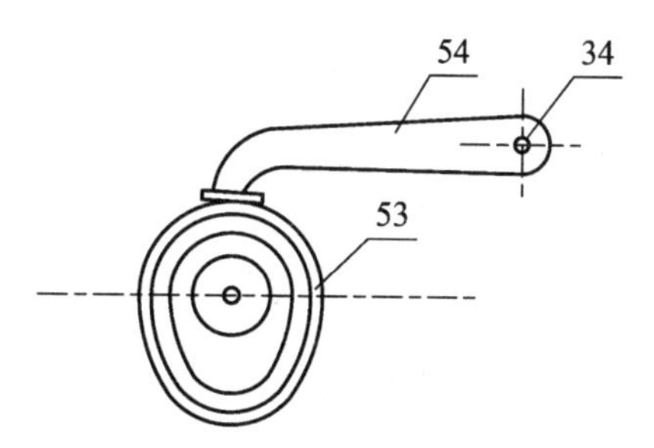


说明：位置A、F1，4号轴1件，$\Phi$20×10 mm垫圈1件，铜台阶螺栓1件。

图 2.21　平底摆动推杆盘形凸轮机构

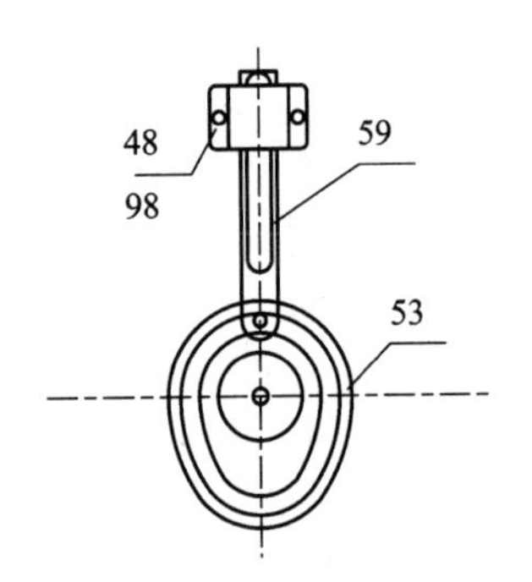


说明：位置A、E3、E4，4号轴1件，十字沉头螺钉M6×40两件。

图 2.22　几何封闭凸轮机构

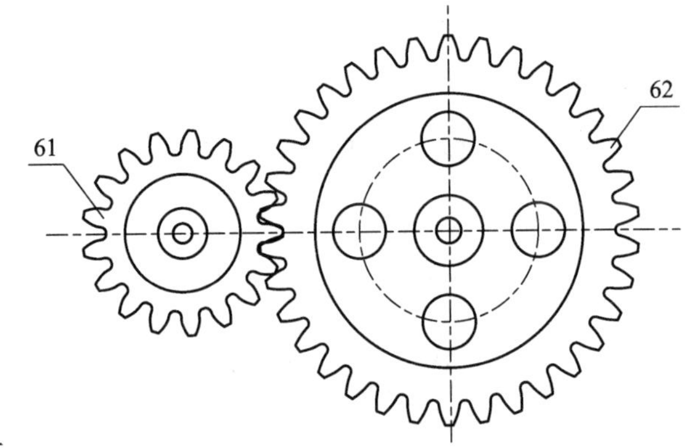


说明：位置A、B，4号轴2件，锁套1件。

图 2.23　外啮合直齿圆柱齿轮传动

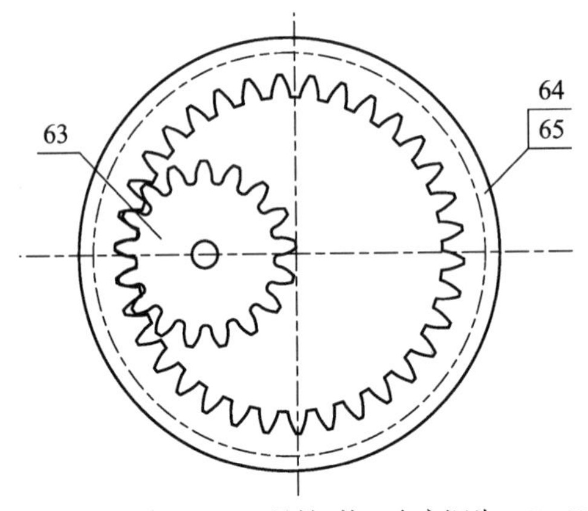


说明：位置A、C，4号轴1件，十字沉头M6×40一件(配螺母)。

图 2.24　内啮合直齿圆柱齿轮传动

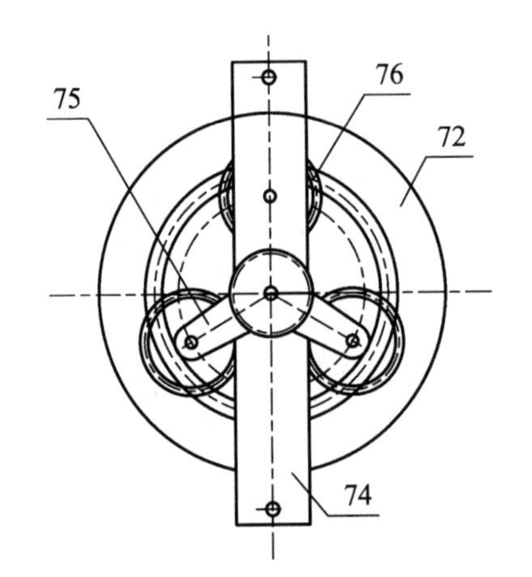


说明：位置A、G1、G2、G3、10、11，4号轴1件，5号轴1件，十字沉头螺钉M6×30三件，六方螺栓M6×60两件，76号$m=2$、$z=30$直齿轮4件，箭头1个，$\phi12$外卡环3件(配螺母)。

图 2.25　2K-H 周转轮系

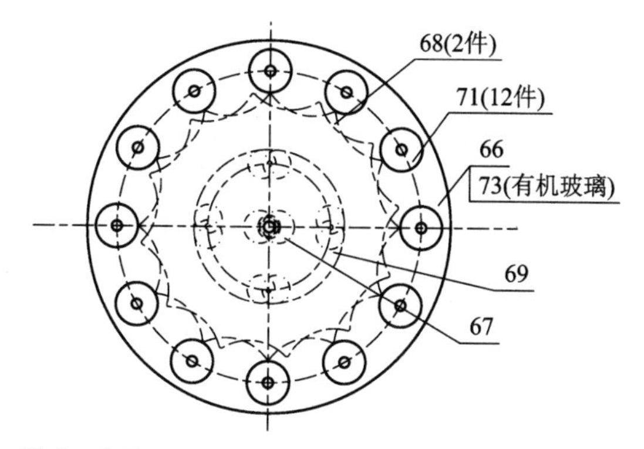


说明：位置A、D1、D2、D3、D4，7号轴、8号轴各1件，M6×40六方螺栓8个，M6×45六方螺栓4个，箭头1个。

图 2.26　摆线针轮机构

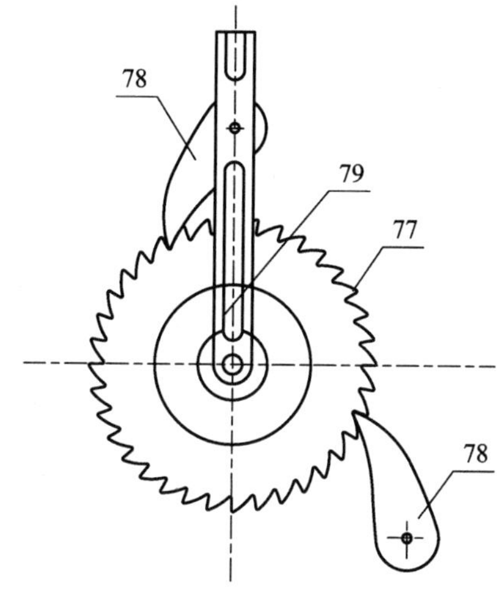


说明：位置A、3，6号轴1件，$\phi$20×3 mm垫圈1件，$\phi$10轴用弹性卡环1个，台阶螺丝2件。

图 2.27　外接式棘轮机构

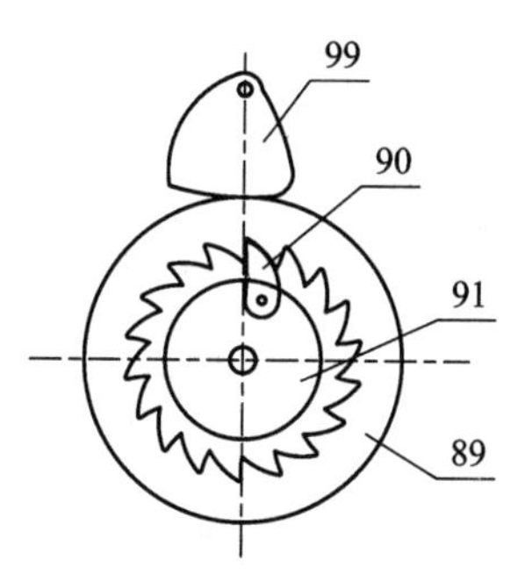


说明：位置A、G1，1号轴1件，台阶螺栓1件，$\phi$20×3 mm垫圈1件，一字圆柱头M6×16一件。

图 2.28　内接式棘轮机构

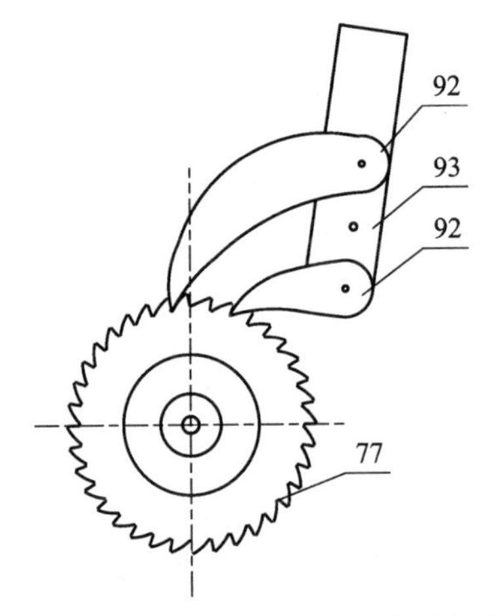


说明：位置A、J，4号轴1件，台阶螺栓3件，$\phi$20×3 mm垫圈1件，$\phi$20×7 mm垫圈1件。

图 2.29　双动式棘轮机构

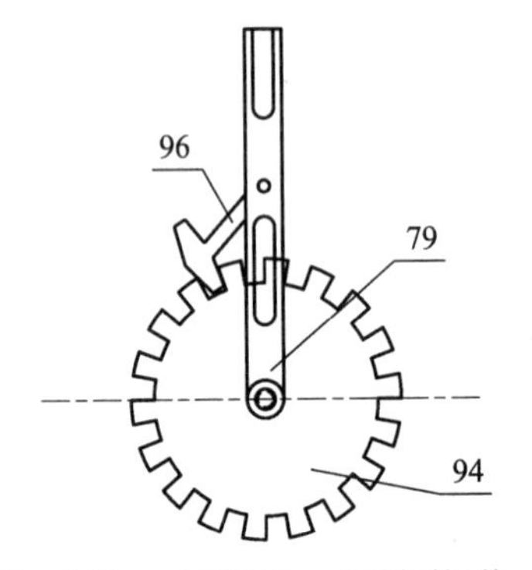


说明：位置A，6号轴1件，台阶螺栓1件，$\phi$10 轴用卡环1件。

图 2.30　双向棘轮机构

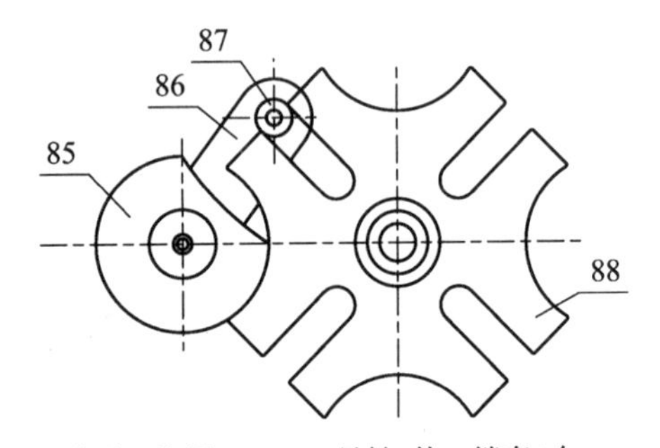


说明：位置A、B，3号轴2件，锁套1个。

图 2.31　外槽轮机构

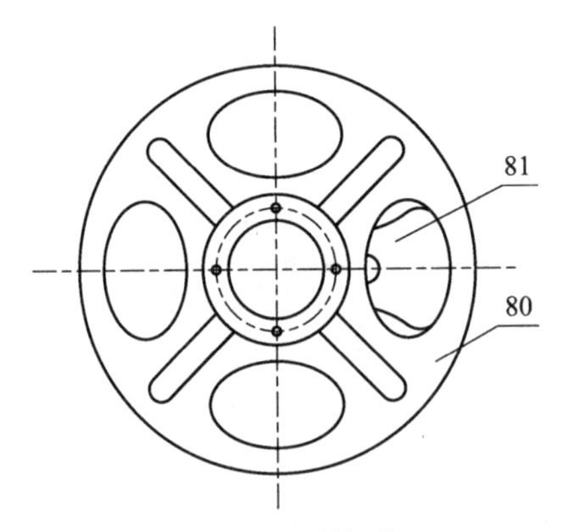


说明：位置A、C，1号轴1件，M6×40 十字沉头螺钉1件(配M6螺母1件)。

图 2.32　内槽轮机构

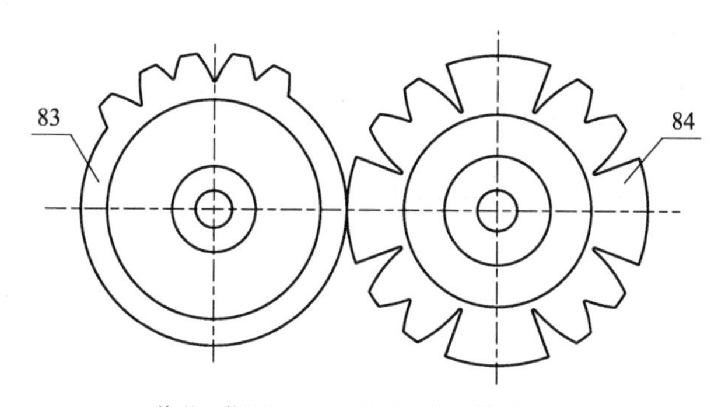


说明：位置A、B，4号轴2件，锁套1个。

图 2.33　外啮合不完全齿轮机构

## 三、实验原理

### 1. 平面连杆机构

由若干构件用低副(转动副、移动副)连接组成的平面机构称为平面连杆机构。

所有运动副均为转动副的四杆机构称为铰链四杆机构。

铰链四杆机构有以下三种基本形式：

1) 曲柄摇杆机构

曲柄摇杆机构的两个连架杆中一个能做整周转动，称为曲柄，另一个只能做往复摆动，称为摇杆，如图 2.34(a)所示。

2) 双摇杆机构

双摇杆机构的两个连架杆均只能做往复摆动，不能做整周转动，如图 2.34(b)所示。

3) 双曲柄机构

双曲柄机构的两个连架杆均能做整周转动，如图 2.34(c)所示。

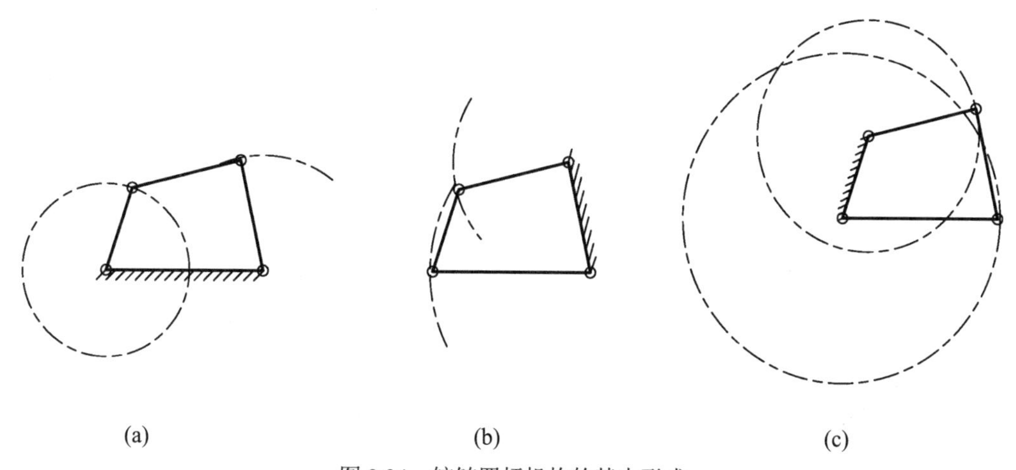

(a)　(b)　(c)

图 2.34　铰链四杆机构的基本形式

双曲柄机构中有以下两种特例：

(1) 在双曲柄机构中，若两相对杆长度相等且平行，则称其为平行四边形机构，其两曲柄以相同的速度同向转动，其连杆做平动。

(2) 若两相对杆长度相等，但不平行，则称其为反平行(或逆平行)四边形机构，其主动曲柄等速转动，从动曲柄变速反向转动。

平行四边形机构和反平行四边形机构如图 2.35 所示。

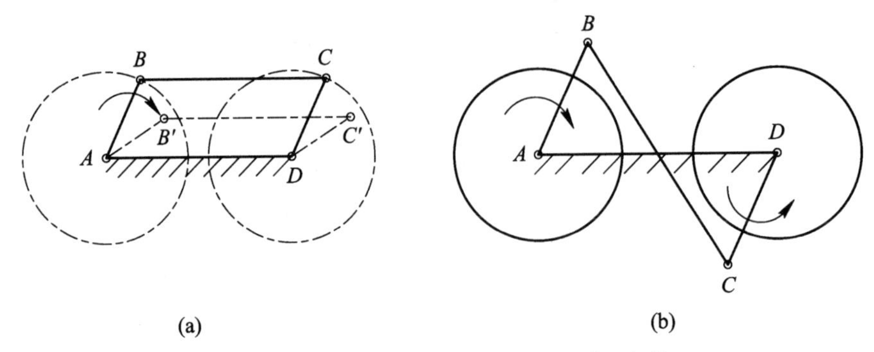


图 2.35　平行四边形机构和反平行四边形机构

通过改变构件的形状，改变运动副的尺寸，选择不同的物件作为机架等办法，可将铰链四杆机构进行演化，其演化形式有如下几种。铰链四杆机构的演化形式如图 2.36 所示。

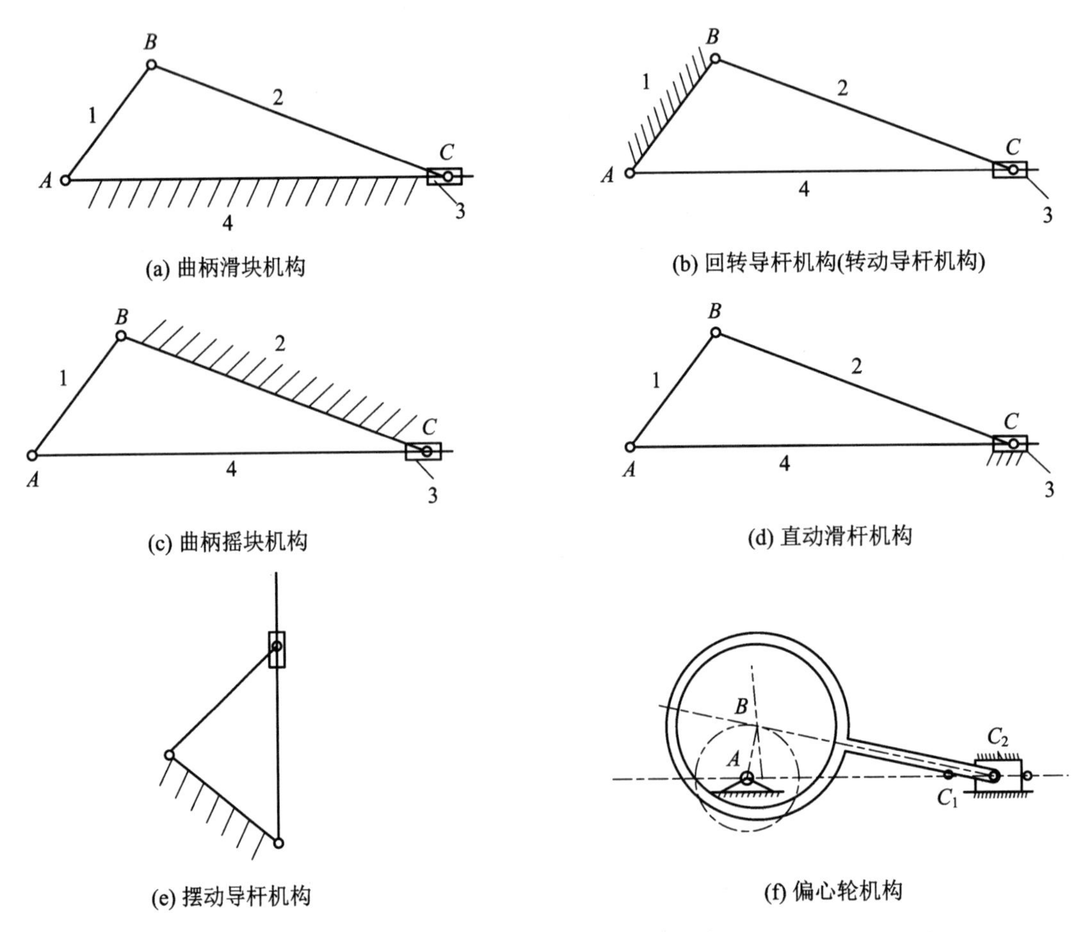


图 2.36　铰链四杆机构的演化形式

(1) 曲柄滑块机构。将曲柄摇杆机构中摇杆的长度增至无穷大，并将摇杆做成直线滑块形式，机构就演化成为曲柄滑块机构。

(2) 回转导杆机构。将曲柄滑块机构中的曲柄改作机架，原来机架可做整周转动的导杆机构就演化成为回转导杆机构。

(3) 曲柄摇块机构。将曲柄滑块机构中的连杆改作机架，机构就演化为曲柄摇块机构。

(4) 直动滑杆机构。将曲柄滑块机构中的滑块改作机架，机构就演化为直动滑杆机构。

(5) 摆动导杆机构。将回转导杆机构中两固定铰链间的距离增大到超过曲柄的长度，则导杆不能整周转动，只能摆动，机构就演化成摆动导杆机构。

(6) 偏心轮机构。若曲柄滑块机构中曲柄的长度较小，则常将曲柄改为偏心轮，其回转中心距几何中心的偏心距等于曲柄的长度，这种机构称为偏心轮机构。

以上六种演化型平面四杆机构都具有三个转动副和一个移动副。若将铰链四杆机构中的两个转动副演化为移动副，则四杆机构中将有两个转动副和两个移动副，机构演化为双滑块机构，具体包括：

(1) 正弦机构。从动件 3 的位移与主动件 1 的转角的正弦成正比，$S = l_{AB}\sin\varphi$。

(2) 正切机构。从动件 3 的位移与主动件 1 的转角的正切成正比，$S = l_{AB}\tan\varphi$。

(3) 椭圆仪机构。连杆 2 上中点的轨迹为圆，其余任一点的轨迹为椭圆。

双滑块机构如图 2.37 所示。

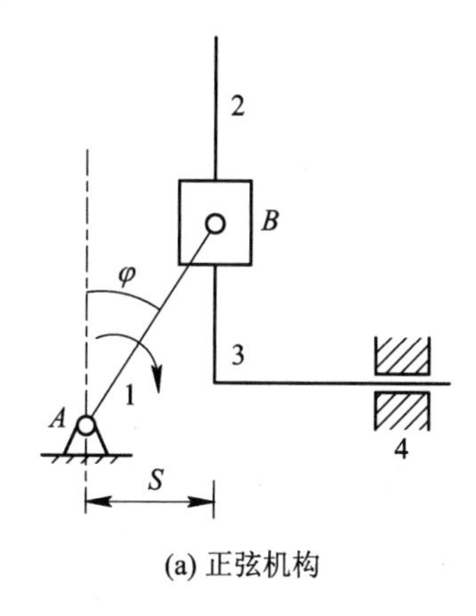


(a) 正弦机构

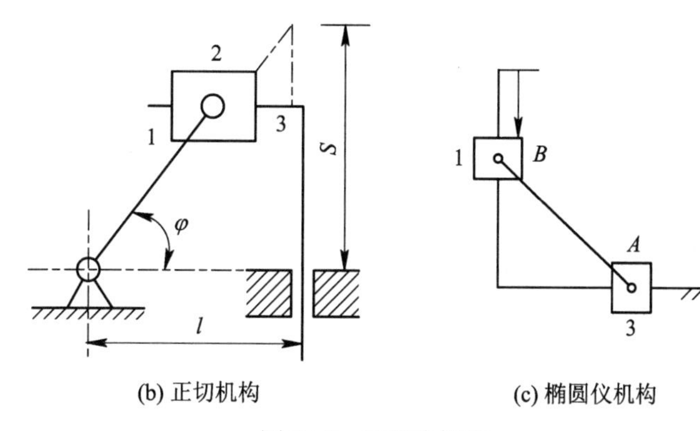


(b) 正切机构　　(c) 椭圆仪机构

图 2.37　双滑块机构

## 2. 凸轮机构

凸轮是一个具有曲线轮廓或凹槽的构件，通常为主动件作等速转动，利用其轮廓推动从动件推杆作移动或摆动。

1) 移动推杆盘形凸轮机构

该类凸轮机构推杆的轴线通过凸轮的回转轴心，推杆做往复直线运动。按推杆与凸轮接触处的形状，这类凸轮机构可分为以下几种：

(1) 尖顶移动推杆盘形凸轮机构：结构简单，但易磨损，如图 2.38(a)所示。

(2) 滚子移动推杆盘形凸轮机构：滚子与凸轮轮廓之间为滚动摩擦，磨损小，如图 2.38(b)所示。

(3) 平底移动推杆盘形凸轮机构：压力角始终为零或定值，且凸轮与平底接触面间易形成油膜。如图 2.38(c)所示。

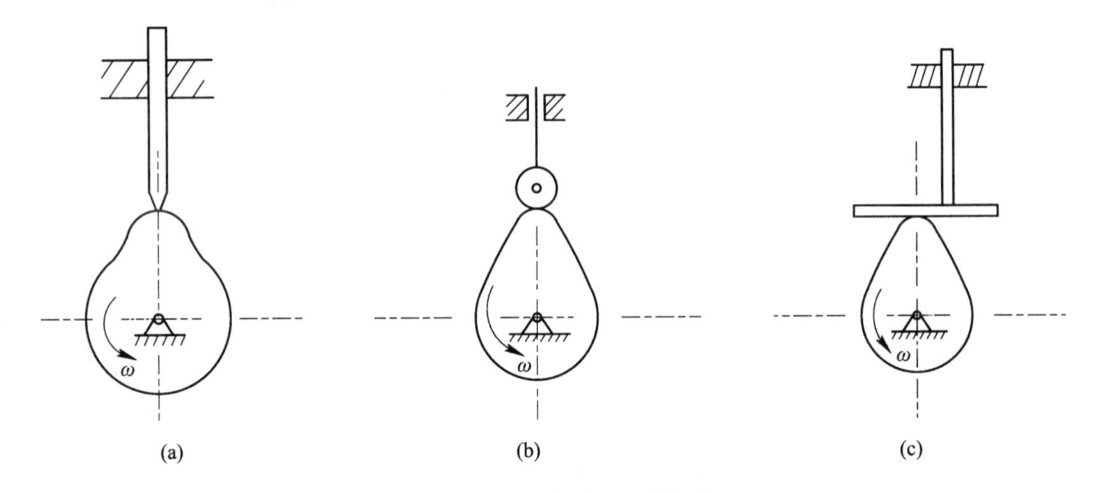


图 2.38　移动推杆盘形凸轮机构

2) 摆动推杆盘形凸轮机构

该类凸轮机构的从动件为摆动推杆。按其推杆与凸轮连接处的形状，这类凸轮机构可分为以下几种：

(1) 尖顶摆动推杆盘形凸轮机构，如图 2.39(a)所示。

(2) 滚子摆动推杆盘形凸轮机构，如图 2.39(b)所示。

(3) 平底摆动推杆盘形凸轮机构，如图 2.39(c)所示。

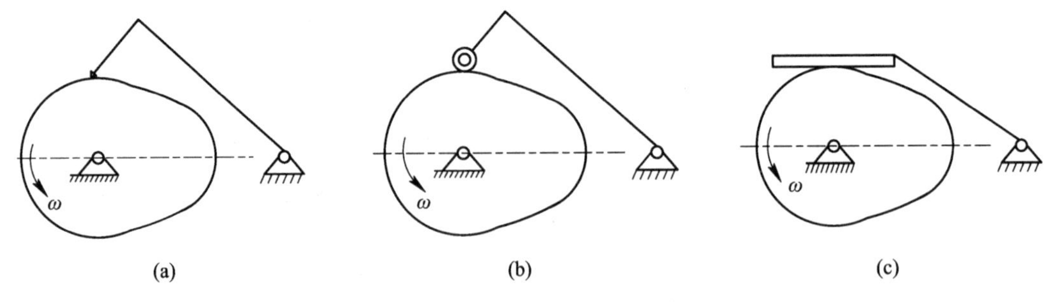


图 2.39　摆动推杆盘形凸轮机构

3) 几何封闭的盘形凸轮机构

该类凸轮机构中，利用凸轮或推杆的特殊几何结构使凸轮与推杆保持接触。例如，沟槽凸轮机构中，利用凸轮上的沟槽与置于槽中推杆上的滚子使凸轮与推杆保持接触。

几何封闭的盘形凸轮机构如图 2.40 所示。

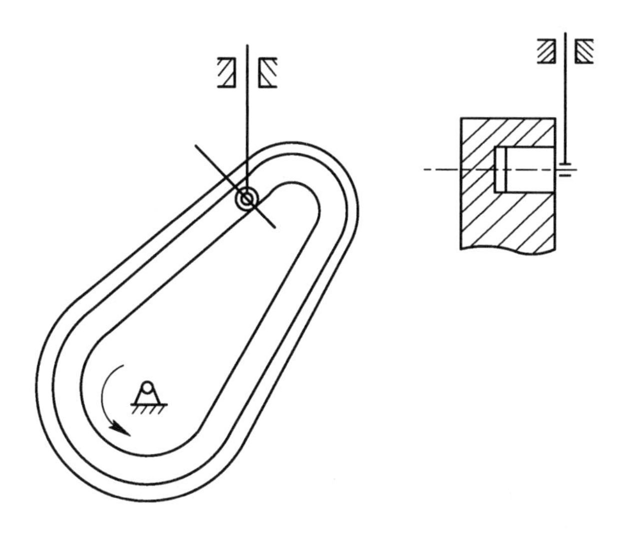

图 2.40　几何封闭的盘形凸轮机构

### 3. 齿轮机构及齿轮系

齿轮机构是依靠齿轮齿廓直接接触来传递两轴间的运动和动力的机构。由一系列的齿轮所组成的齿轮传动系统称为齿轮系，简称轮系。

1) 外啮合圆柱齿轮传动

外啮合圆柱齿轮传动如图 2.41(a)所示。

2) 内啮合圆柱齿轮传动

内啮合圆柱齿轮传动(见图 2.41(b))一般用于平行轴传动，两轮转向相同。

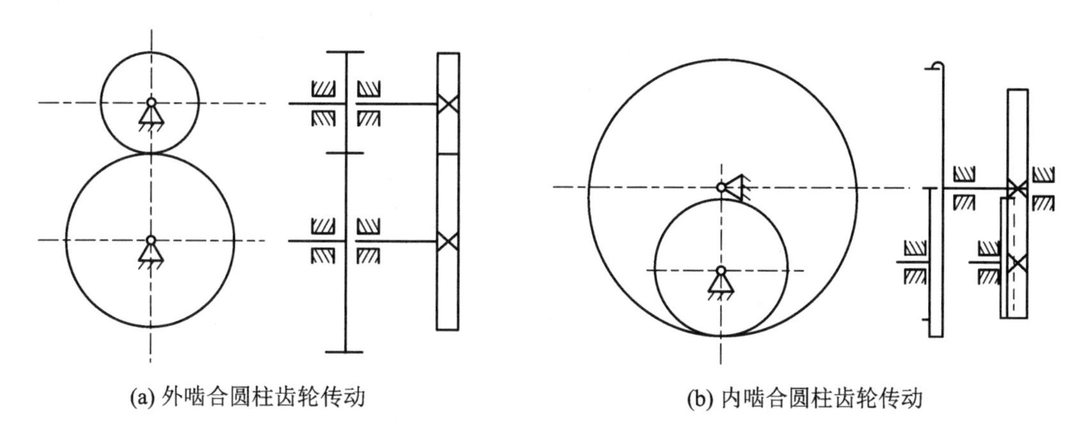

(a) 外啮合圆柱齿轮传动　　(b) 内啮合圆柱齿轮传动

图 2.41　圆柱齿轮传动

3) 2K-H 周转轮系

轮系在运转时，若其中至少有一个齿轮轴线的位置不固定，而是绕某一固定轴线回转，则这种轮系称为周转轮系。有两个太阳轮 K 和一个行星架 H 的周转轮系称为 2K-H 周转轮系。2K-H 周转轮系如图 2.42 所示。

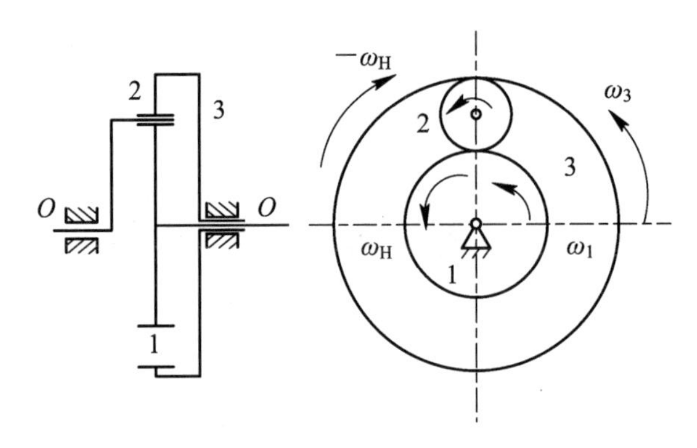


图 2.42　2K-H 周转轮系

4) 摆线针轮传动

摆线针轮传动是一种特殊的一齿差行星传动，其行星轮的齿廓曲线不是断开线，而是外摆线，中心内齿轮采用了针齿，即由固定在外壳上的圆柱销组成。摆线针轮传动如图 2.43 所示。

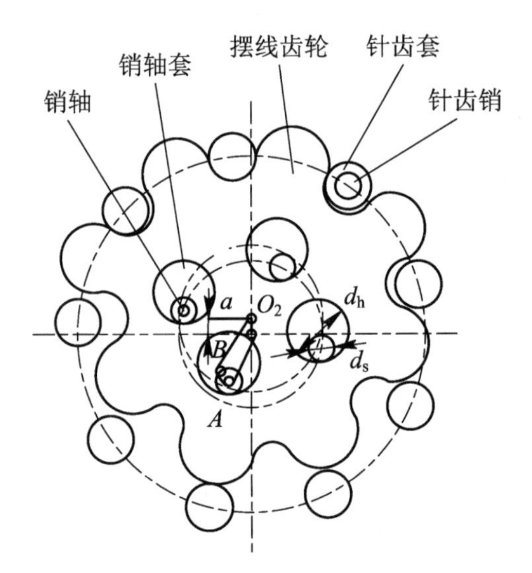


图 2.43　摆线针轮传动

## 4. 棘轮机构

棘轮机构是一种通过棘爪、棘轮传动来实现间歇性运动的间歇运动机构。

1) 外接式棘轮机构

摇杆为主动件，当摇杆逆时针摆动时，驱动棘爪推动棘轮转过一个角度；当摇杆顺时针摆动时，止动棘爪阻止棘轮顺时针转动，驱动棘爪在棘轮齿背上滑过，棘轮静止不动。故当摇杆连续往复摆动时，棘轮便做单向的间歇运动。外接式棘轮机构如图 2.44 所示。

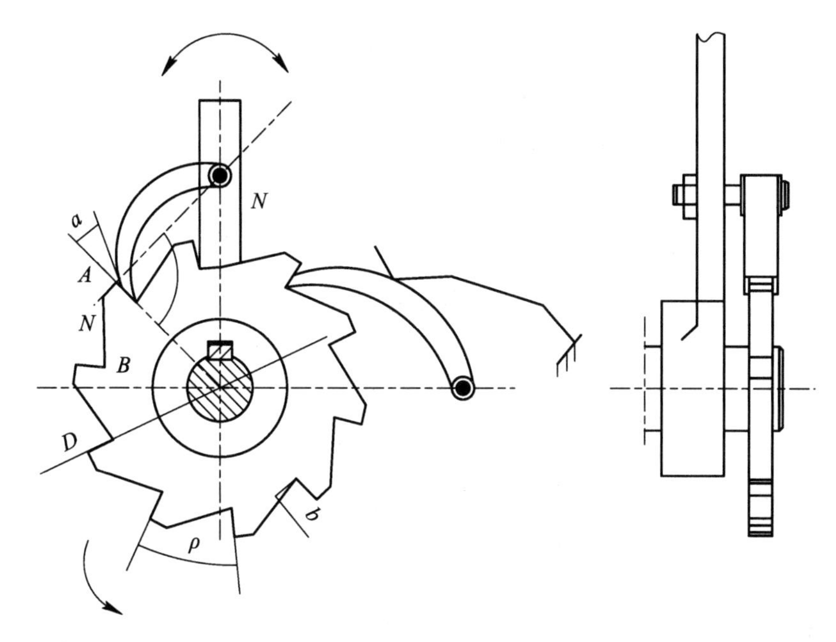


图 2.44　外接式棘轮机构

2) 内接式棘轮机构

将棘轮上的齿做在棘轮的内缘上，就构成了内接式棘轮机构。这种机构结构紧凑，外形尺寸小。内接式棘轮机构如图 2.45 所示。

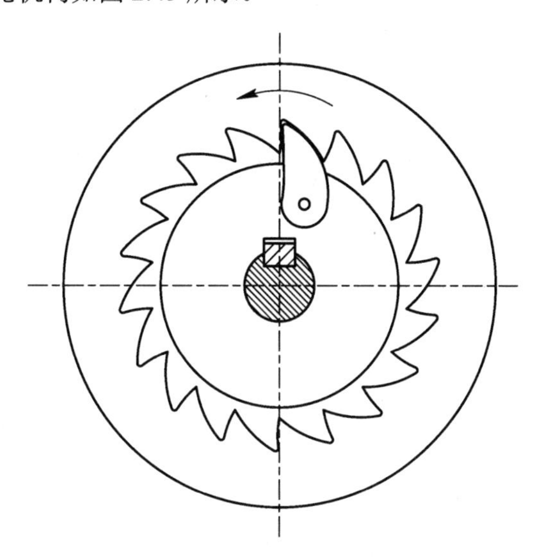

图 2.45　内接式棘轮机构

3) 双向棘轮机构

棘轮的齿制成矩形，棘爪制成可翻转的，棘轮可根据棘爪的翻转方向分别获得逆时针或顺时针的单向间歇运动。双向棘轮机构如图 2.46 所示。

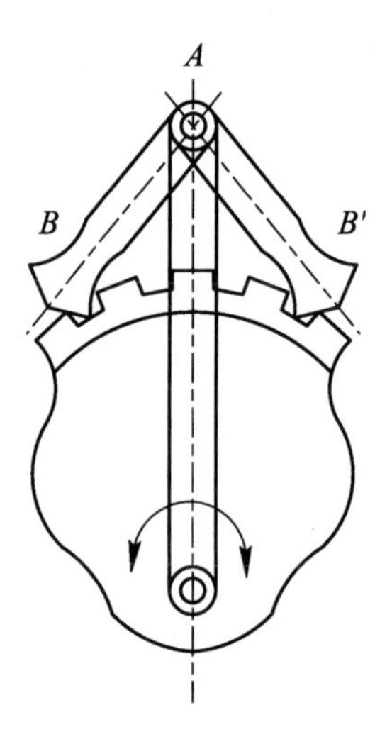


图 2.46　双向棘轮机构

4) 双动式棘轮机构

摇杆来回摆动时都能使棘轮向同一方向转动。双动式棘轮机构如图 2.47 所示。

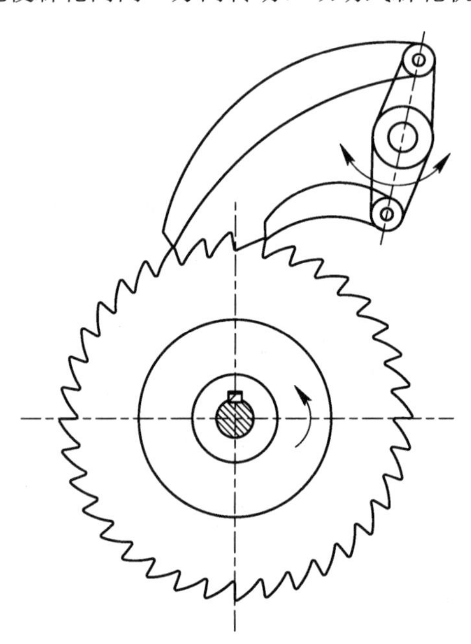

图 2.47　双动式棘轮机构

### 5. 槽轮机构

槽轮机构是一种通过拨盘、槽轮传动来实现间歇运动的间歇运动机构。拨盘连续转动，槽轮作间歇回转运动。在槽轮停歇期间，拨盘与槽轮间各有锁止弧起定位作用，以防止槽轮游动。

1) 外槽轮机构

外槽轮机构用于平行轴间的间歇运动传动，槽轮与拨盘的转向相反。外槽轮机构如图 2.48 所示。

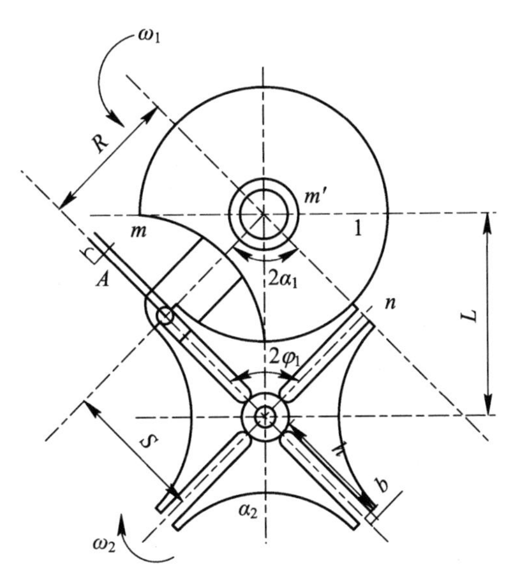


图 2.48　外槽轮机构

2) 内槽轮机构

内槽轮机构用于平行轴间的间歇传动，槽轮与拨盘转向相同。内槽轮的停歇时间短，运动时间长，传动较平稳，所占空间也较小。内槽轮机构如图 2.49 所示。

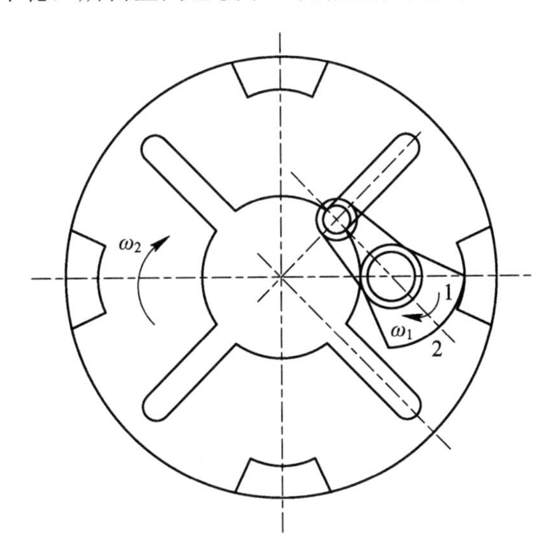


图 2.49　内槽轮机构

## 6. 外啮合不完全齿轮机构

不完全齿轮机构是由齿轮机构演变而得到的一种间歇运动机构。其主动轮上只做出一部分轮齿，并根据运动时间与间歇时间的要求，在从动轮上做出与主动轮轮齿相啮合的轮齿，当主动轮作连续回转运动时，从动轮作间歇回转运动。在从动轮停歇期间，两轮轮缘各有锁止弧起定位作用，以防止从动轮的游动。外啮合不完全轮机构如图 2.50 所示。

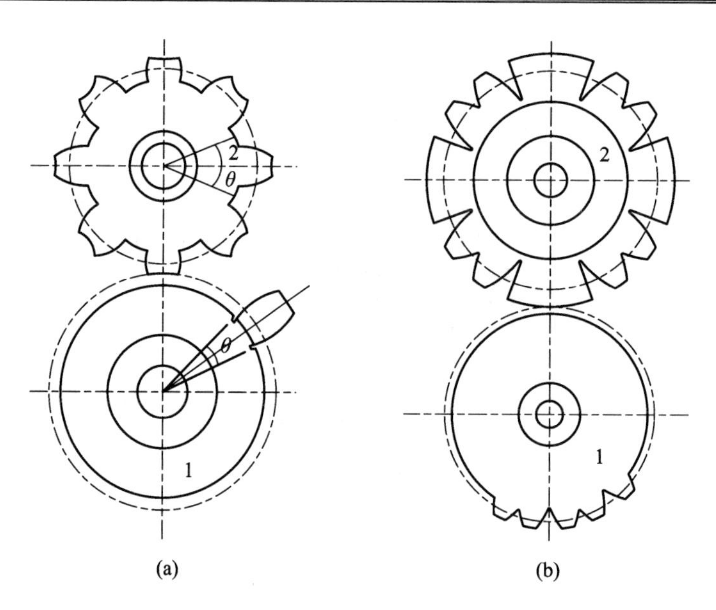


图 2.50　外啮合不完全轮机构

7. 拼装方法

(1) 在表 2.1 中选择组装的机构，确定演示版上所用的固定铰链位置，选定所用零件及连接件等。

(2) 演示版 P 上有许多安装孔，都标有字母或数字符号，拼装时根据组装机构确定安装孔(见表 2.1)。

(3) 先组装活动铰链，再组装移动副，后组装固定铰链。

(4) 凡提供的组件，不要拆散。

## 四、实验内容

(1) 观察陈列柜中及实验台上各种机构，初步建立对各种常见机构的基本认识。

(2) 认真听取各种机构的同步讲解，加深对机构的结构特点、工作原理及应用场合的认识。

(3) 认真阅读 JXCZ-JY 机械基础实验创意搭接实训平台使用说明书。

(4) 从表 2.1 中选出主要的零部件及连接件、配套零件，在演示版上组装平面机构，组装完成后演示机构的运动。

(5) 对于平面连杆机构的组装，先组装活动铰链，再组装移动副及固定铰链。

(6) 组装某一机构，只取该机构所用零件，勿将其它零部件同时取出，以免混乱或丢失。

(7) 实验完成后清点所有零部件，归位存放。

(8) 填写实验报告。

# 实验三 渐开线圆柱直齿轮范成实验

## 一、实验目的

(1) 了解渐开线圆柱直齿轮范成的原理。

(2) 了解渐开线圆柱直齿轮的根切现象及用变位方法来避免根切现象。

(3) 了解渐开线标准齿轮和变位齿轮的异同。

## 二、实验设备与工具

(1) 齿廓范成仪、可变位全自动范成实验仪。

(2) 圆白纸(作为齿轮毛坯用)。

(3) 铅笔、圆规、三角板或直尺(自备)。

## 三、实验原理

范成法是利用一对齿轮啮合时，两轮的齿廓互为包络线的原理来加工齿轮。加工时其中一个齿轮视为刀具，另一个齿轮视为毛坯，毛坯和刀具之间保持固定转速比的传动。它们的相对滚动如同一对互相啮合的齿轮运动，同时刀具还沿毛坯轴向作切削运动，这样加工所得到的齿轮的齿廓曲线就是刀具的刀刃在各个位置的包络线。若用渐开线作为刀具的齿廓曲线，则包络线为渐开线。由于在实际加工时，看不到刀刃在各个位置形成包络线的过程，故通过齿轮范成仪来实现毛坯与刀具之间的形成过程。

## 四、实验说明

本实验主要用渐开线齿廓范成仪来模拟，用齿条作为刀具，以范成法切制渐开线齿轮的加工过程，再通过可变位全自动范成实验仪对切制过程进行演示。可变位全自动范成实验仪结构如图 3.1 所示，齿廓范成仪结构如图 3.2 所示。齿廓范成仪中代表齿坯的圆纸托盘和代表进给横拖板之间的运动的联系是靠一个不完整齿轮和齿条的啮合传递来完成的。刀具齿轮至轮坯中心的距离调节是靠刀具模型上的纵槽和在横拖板上的两个蝶形螺钉来完成。齿条刀具的参数为：模数 $m=20$，齿数 $z=12$，压力角 $\alpha=20^\circ$，齿顶高系数 $h_a^*=1.0$，顶隙系数 $c^*=0.25$。

可变位全自动范成实验仪和渐开线齿廓范成仪分别如图 3.1 和图 3.2 所示。

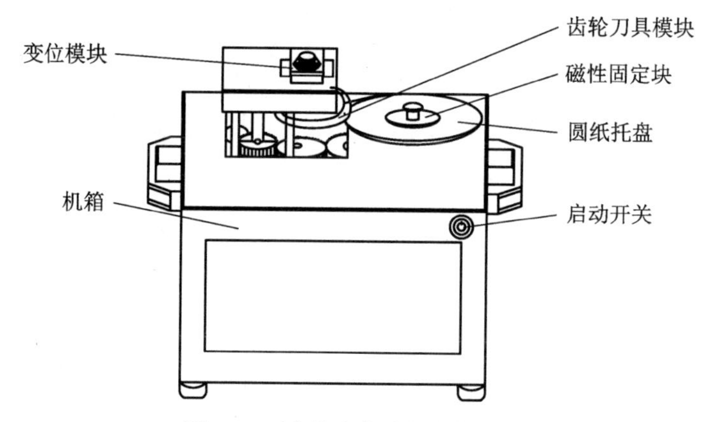


图 3.1　可变位全自动范成实验仪

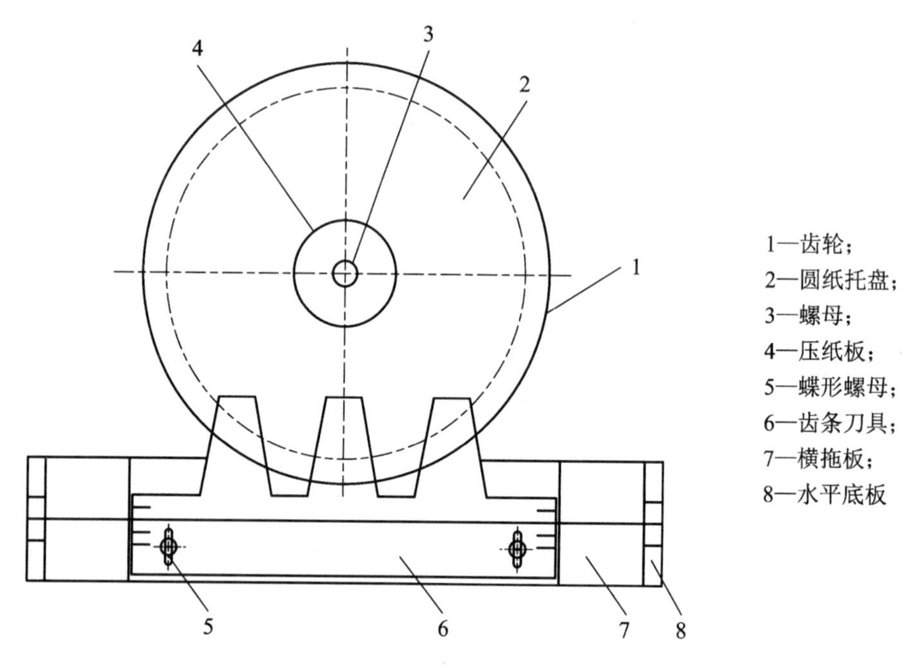


图 3.2　渐开线齿廓范成仪

在图 3.2 中，工作台(圆纸托盘 2)绕定轴转动，齿轮 1 带动上面有齿条的横拖板 7 在水平底板 8 的导向条上作水平移动，齿条刀具 6 通过蝶形螺母 5 固定在横拖板 7 上，松开蝶形螺母 5 可使齿条刀具 6 作上下移动，实现齿条刀具 6 的变位运动，加工变位齿轮。

当齿条刀具 6 的中线与被加工齿轮分度圆相切时，此时横拖板 7 的齿条中线与刀具中线重合(齿条刀具 6 上的标尺刻度与横拖板 7 上的中间刻线对准)。推动横拖板 7 时，工作台上的被加工齿轮分度圆与齿条刀具 6 中线作纯滚动，这时切制的是标准齿轮。

改变齿条刀具 6 的位置可使齿条刀具 6 中线与横拖板 7 上的齿条中线分离，即齿条刀具 6 的中线远离或接近被加工齿轮分度圆，移动的距离可量出，从而可切制变位齿轮。

最后在可变位全自动范成实验仪上操作一遍，并注意观察圆纸托盘 2 上包络线形成过程以及根切现象。

## 五、实验方法与步骤

### 1. 标准齿轮的范成

(1) 安装齿坯。在图 3.2 中，首先旋下螺母 3，拿下压板 4，随后将手中的圆白纸(相当于齿轮的齿坯)对折成 1/2，然后再对折成 1/4，找出圆白纸的中心，以圆白纸中心为中心，以压板的孔半径为半径，将圆白纸剪一个圆孔，留安装间隙相当于齿坯的孔，将圆白纸装在螺杆上，盖上压板，旋上螺母，那么我们的齿坯就安装好了。

**注意：**由于范成仪上面的齿轮为不完整齿轮，在调整范成仪的时候，可以旋松图 3.2 中的蝶形螺母 5，将半齿轮的中间对准齿条刀具 6 的中间，然后旋紧蝶形螺母 5，力度适当，这样才能范成完整。

(2) 调整刀具。松开图 3.2 中两个蝶形螺母 5，将齿条刀具 6 的中线对准机架的刻线，然后用蝶形螺母 5 紧固，以保证齿条刀具 6 和齿坯分度圆相切。

(3) 齿廓范成。将横拖板 7 移至左(或右)极限位置，然后从第二个齿刚切到圆白纸开始范成，自左至右(或自右自左)，当第二个齿刚切圆白纸的时候，用削尖铅笔将齿条刀齿廓画在圆白纸上，相当于齿条刀具 6 范成齿坯一次，然后将横拖板 7 向右(或左)移动 2～3 mm 的距离，再将齿条刀具 6 的齿廓画在圆白纸上，这样连续不断地移动横拖板 7，齿条刀具 6 和齿坯在不断地进行着范成运动，刀具齿廓在范成运动中的各个位置相继地画在齿坯上。这一系列刀具位置的包络线即齿坯轮齿的齿廓，直至范成出完整的一至二个齿为止或横拖板移至右(或左)极限位置为止，并注意观察是否有根切现象。

(4) 根据范成法切出来的齿找出圆心并适当调整。用三角尺测量得齿条周节 $P$，并计算其模数 $m = P/\pi$，算出齿轮齿数 $z = d/m$ ($d$ 为分度圆直径，$m$ 为模数)，从而算出齿顶圆半径 $r_a$、齿根圆半径 $r_f$、基圆半径 $r_b$ 及分度圆半径 $r$。以找到的圆心为圆心，在齿坯上画出上述各圆。

(5) 测量齿厚。用三角尺分别测量分度圆弦齿厚、齿顶圆弦齿厚、基圆弦齿厚，填入实验报告。

(6) 计算弦齿厚。根据渐开线齿轮任意圆齿厚公式 $s_i = \pi r_i/z$，算得任意圆齿厚 $s_i$，然后根据下面公式算出各圆弦齿厚：

$$\bar{s} = 2r_i \sin\left(\frac{s_i}{r_i}\frac{90^\circ}{\pi}\right) \tag{3.1}$$

式中：$\bar{s}$ ——弦齿厚；

$s_i$——任意圆齿厚；

$r_i$——任意圆半径。

将算得结果填入实验报告，并和实测的结果进行比较，如果差别太大，应找出原因所在。

(7) 查看可变位全自动范成实验仪基本参数($m$，$\alpha$，$h_a^*$，$c^*$，$z$)。按此参数计算出被加工的标准齿轮分度圆直径 $d$、顶圆直径 $d_a$、根圆直径 $d_f$ 及基圆直径 $d_b$。

(8) 观察齿廓形成过程和根切现象。将新的圆纸通过磁性固定块固定在可变位全自动范成实验仪圆纸托盘上(应尽量使圆纸与圆纸托盘同心)，调节变位滑块至刻度线 0 示数处，旋紧两端固定螺杆。(此时刀具的中线与被切齿轮分度圆相切)。按下启动开关，等待圆纸上齿廓拓印完成。

**2. 变位齿轮的范成**

(1) 在不根切条件下计算最小移距量 $x_{min}$，并将齿条刀具 6 移到所需的刻度，并用蝶形螺母 5 紧固。

(2) 松开压纸板螺母，将圆白纸转过 180°，用螺母紧固。

(3) 用画标准齿轮齿廓的方法画出 2～3 个变位齿轮的齿廓，并观察是否有根切现象，比较齿形和标准齿轮齿形有何区别？

(4) 按 $m$、$z$、$\alpha$、$h_a^*$、$c^*$、$x$，算出变位齿轮分度圆、基圆、齿顶圆、齿根圆的半径并填入实验报告，注意齿顶圆计算时用$\Delta y = 0$ 来计算($\Delta y$ 为齿顶高变动系数)，以画出的变位齿轮轮齿找出齿轮的圆心，在齿廓上分别画出变位齿轮的基圆、分度圆、齿顶圆、齿根圆。

(5) 量出各圆弦齿厚并算出它们的弦齿厚，分别填入实验报告，并进行比较。

(6) 在可变位全自动范成实验仪上进行变位齿轮的绘制，根据被加工齿轮齿数 $z$ 计算出不根切的最小变位系数 $x_{min}$ 和刀具的移动量 $xm$，计算变位齿轮分度圆直径 $d$、顶圆直径 $d_a$、根圆直径 $d_f$。

(7) 调节可变位全自动范成实验仪的变位滑块至所需的变位系数，旋紧固定螺杆即可(负变位调节范围在 −1 到 0 之间，正变位调节范围在 0 到 1 之间，刻度线显示的是 $x_{min}$)。

(8) 用加工标准齿轮相同的方法对可变位全自动范成实验仪进行后续操作，并观察变位齿轮齿形的变化。

## 六、分析与讨论

(1) 齿条刀具的齿顶高和齿根高为什么都等于 $h_a^* + c^*$ ?

(2) 我们在绘制标准齿轮时会发生什么现象？这是为什么？怎样避免在图中画出根切部分？

(3) 比较用同一齿条加工的标准齿轮与变位齿轮的几何参数 $m$、$\alpha$、$r$、$r_b$、$h_a$、$h_f$、$s$、$s_b$、$s_a$、$s_f$ 中哪些变了，哪些没变，为什么？

# 实验四　渐开线齿轮参数测定实验

## 一、实验目的

(1) 掌握渐开线直齿圆柱齿轮参数的测定方法，培养学生解决齿轮参数测定这一实际生产问题的动手能力。

(2) 巩固齿轮传动几何尺寸的计算。

## 二、实验设备与工具

(1) 待测齿轮若干个。

(2) 游标卡尺一把。

(3) 学生自备草稿纸和计算器。

## 三、实验原理

用基圆切线与齿廓切线垂直的原理(基圆切线也是齿廓的公法线)来测齿廓的公称法线长度。

## 四、实验方法与步骤

用量具测量渐开线圆柱齿轮的有关尺寸，按测得尺寸进行计算，确定齿轮的各基本参数及移距系数。

渐开线直齿圆柱齿轮的基本参数有：模数$m$、齿数$z$、压力角$\alpha$、齿顶高系数$h_a^*$、顶隙系数$c^*$。本实验用游标卡尺等工具来测量，并通过计算来确定齿轮的基本参数。公法线长度测量示意图如图4.1所示。

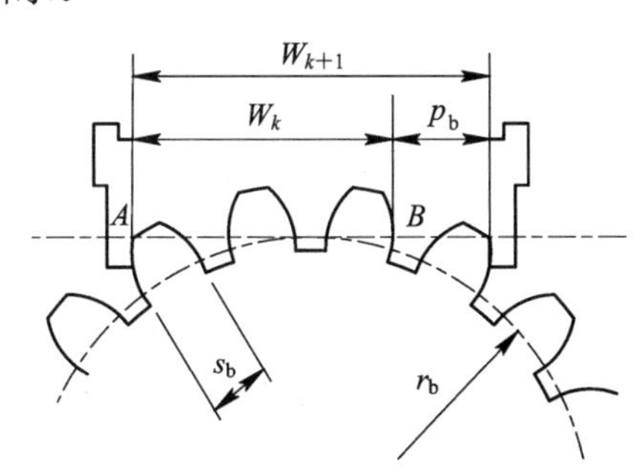


图4.1　公法线长度测量示意图

(1) 直接数得待测齿轮的齿数 $z$，并记下齿轮编号。

(2) 测定基节 $p_b$ 和基圆齿厚 $s_b$。

对于渐开线直齿圆柱齿轮，根据渐开线的法线切于基圆的性质，可知基圆切线 $AB$ 必定与齿廓切线垂直，由图 4.1 可知，当选择一定的跨测齿数，使游标卡尺测爪 1 和 2 与齿轮齿廓相切于 $A$ 和 $B$ 点，切点不要过于靠顶部，也不要过于靠根部，最好在齿廓中部。测得齿廓间公法线长度为

$$W_k = p_b(k-1) + s_b \tag{4.1}$$

式中：$p_b$——基节；

$k$——卡测齿数；

$s_b$——基圆齿厚。

$k$ 的选取用目测法，当 $k$ 太大时，切点靠顶部，当 $k$ 太小时切点靠近齿根的圆弧过渡曲线，因此总能找到合适的 $k$ 值。

对于标准齿轮，$k$ 用公式 $k = 0.1z + 0.5$ 进行估算，小数部分四舍五入，变位齿轮用目测法，然后再取 $k+1$ 个齿来测量公法线的长度 $W_{k+1}$：

$$W_{k+1} = kp_b + s_b \tag{4.2}$$

$$W_k = (k-1)p_b + s_b \tag{4.3}$$

联立上述式(4.1)、式(4.2)可求得

$$p_b = W_{k+1} - W_k$$

$$s_b = kW_k - (k-1)W_{k+1}$$

(3) 计算模数 $m$ 及压力角 $\alpha$。

基节 $p_b$、压力角 $\alpha$ 和模数 $m$ 三者满足如下关系式：

$$p_b = \pi m \cos\alpha \tag{4.4}$$

因 $\alpha$、$m$ 均已标准化，故根据式(4.4)与得到的 $p_b$ 就可以求出 $m$。

(4) 确定变位系数 $x$。

基圆齿厚可通过下式计算得到：

$$s_b = s\cos\alpha + 2r_b \operatorname{inv}\alpha \tag{4.5}$$

式中，$s = m\left(\dfrac{\pi}{2} + 2x\tan\alpha\right)$，$r_b = \dfrac{mz}{2}\cos\alpha$。将这两个式子代入式(4.4)可得

$$x = \left(\frac{s_b}{m\cos\alpha} - z\operatorname{inv}\alpha - \frac{\pi}{2}\right)\frac{1}{2\tan\alpha} \tag{4.6}$$

(5) 确定齿顶高系数 $h_a^*$ 和顶隙系数 $c^*$。

先测齿顶圆直径 $d_a$ 及齿根圆直径 $d_f$。如图 4.2 所示，$D$ 为齿轮孔的直径，$H_a$ 为孔壁至齿顶的距离，$H_f$ 为孔壁至齿根的距离。

奇数齿齿轮测量如图 4.2 所示。

(1) 当齿数 $z$ 为单数时，齿顶圆直径可用下式确定：

$$d_a = D + 2H_a \tag{4.7}$$

齿根圆直径可用下式确定：

$$d_f = D + 2H_f \tag{4.8}$$

偶数齿齿轮测量如图 4.3 所示。

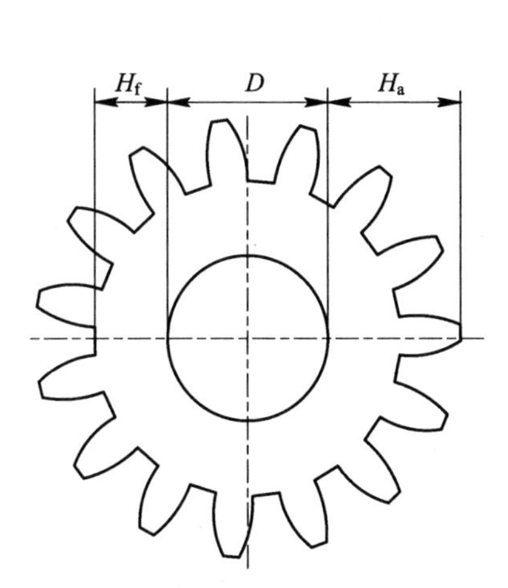


图 4.2　奇数齿齿轮测量

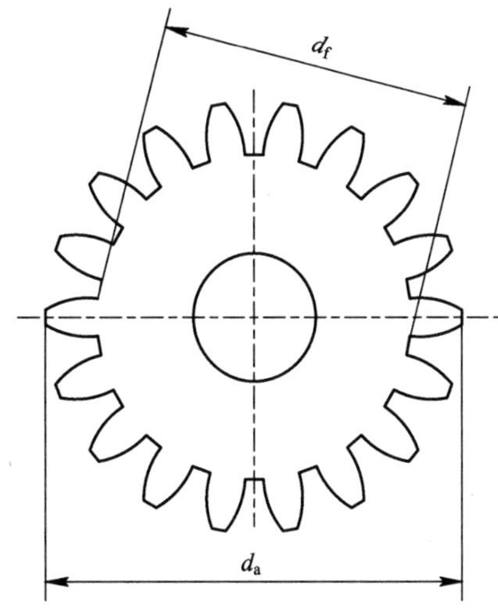


图 4.3　偶数齿齿轮测量

(2) 当齿数 $z$ 为偶数时，齿顶圆直径 $d_a$ 及齿根圆直径 $d_f$ 可直接测得。

根据齿根高的计算公式：

$$h_f = \frac{d - d_f}{2} = (h_a^* + c^* - x)m \tag{4.9}$$

可得齿顶高系数 $h_a^*$ 和顶隙系数 $c^*$ 满足如下关系式：

$$h_a^* + c^* = x + \frac{mz - d_f}{2m} \tag{4.10}$$

从而可求出 $h_a^* + c^*$ 的值，将所得结果和两组标准值( $h_a^* = 1$，$c^* = 0.25$ 和 $h_a^* = 0.8$，$c^* = 0.3$)比较，判断接近正常齿的标准还是短齿的标准，然后定出 $h_a^*$、$c^*$ 各是多少。

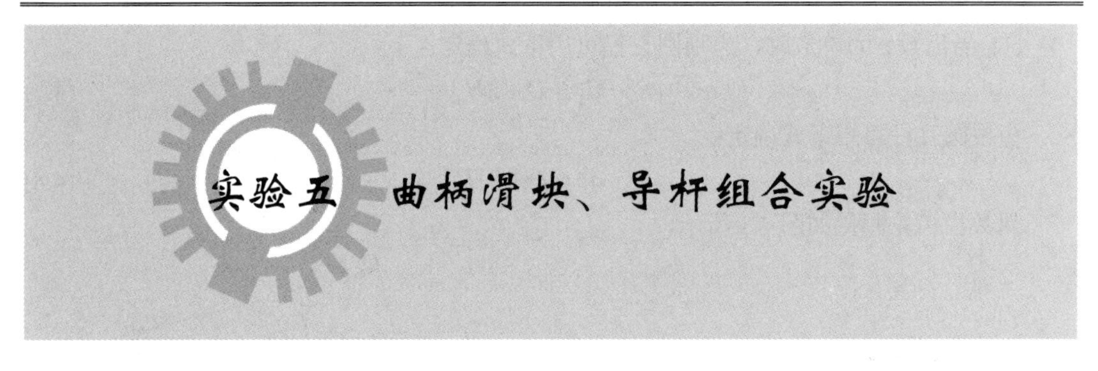

# 实验五 曲柄滑块、导杆组合实验

## 一、实验预习

预习曲柄滑块机构、导杆机构的结构组成，并能熟练绘制出上述几种机构的运动简图。

## 二、实验目的

(1) 通过实验了解位移、速度、加速度的测定方法，转速及回转不匀率的测定方法。

(2) 通过实验，初步了解 QTD-III型组合机构实验台、光电脉冲编码器及同步脉冲发生器(或称角度传感器)工作的基本原理，并掌握它们的使用方法。

(3) 比较理论运动线图与实测运动线图的差异，并分析其原因，增加运动速度特别是加速度的感性认识。

(4) 比较曲柄滑块机构与曲柄导杆机构的性能差别。

## 三、实验设备与工具

### 1. 实验系统的组成

实验系统框图如图 5.1 所示。

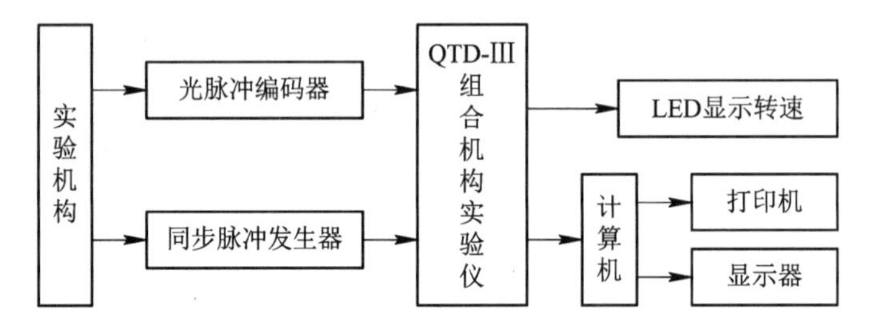


图 5.1　实验系统框图

实验系统框图如图 5.1 所示，它由以下设备组成：

(1) 实验机构，包括曲柄滑块、导杆、凸轮组合机构。

(2) QTD-III型组合机构实验仪(单片机控制系统)。

(3) 打印机。

(4) 电脑一台。

(5) 光电脉冲编码器。

(6) 同步脉冲发生器(或称角度传感器)。

### 2. 实验机构的主要技术参数

(1) 直流电机额定功率：100 W。

(2) 电机调速范围：0～2000 r/min。

(3) 蜗轮减速箱速比：1/20。

(4) 实验台尺寸：长 × 宽 × 高 = 500 mm × 380 mm × 230 mm。

(5) 电源：220 V/50 Hz。

### 3. 实验机构的结构特点

该组合实验机构，只需拆装少量零部件，即可分别构成四种典型的传动系统，分别是曲柄滑块机构、曲柄导杆滑块机构、平底直动从动杆凸轮机构和滚子直动从动杆凸轮机构。每一种机构的某一些参数，如曲柄长度、连杆长度、滚子偏心等都可在一定范围内作一些调整。通过拆装及调整可加深学生对机构结构本身特点的了解，某些参数改动对整个运动状态的影响也会有更好地认识。四种机构类型如图 5.2 所示。

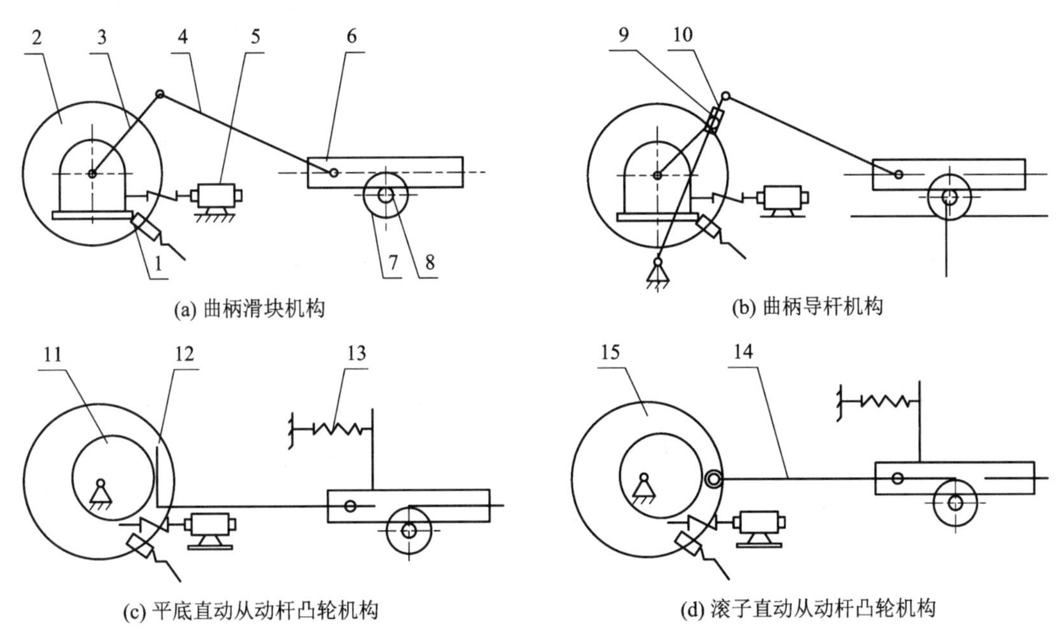


(a) 曲柄滑块机构　(b) 曲柄导杆机构

(c) 平底直动从动杆凸轮机构　(d) 滚子直动从动杆凸轮机构

1—同步脉冲发生器；2—蜗轮减速器；3—曲柄；4—连杆；5—电机；6—滑块；7—齿轮；8—光电编码器；9—导块；10—导杆；11—凸轮；12—平底直动从动件；13—回复弹簧；14—滚子直动从动件；15—光栅盘

图 5.2　四种机构类型

## 四、实验原理

### 1. 实验仪的外形布置

QTD-III实验仪的外形结构如图 5.3 所示，图(a)为正面结构，图(b)为背面结构。

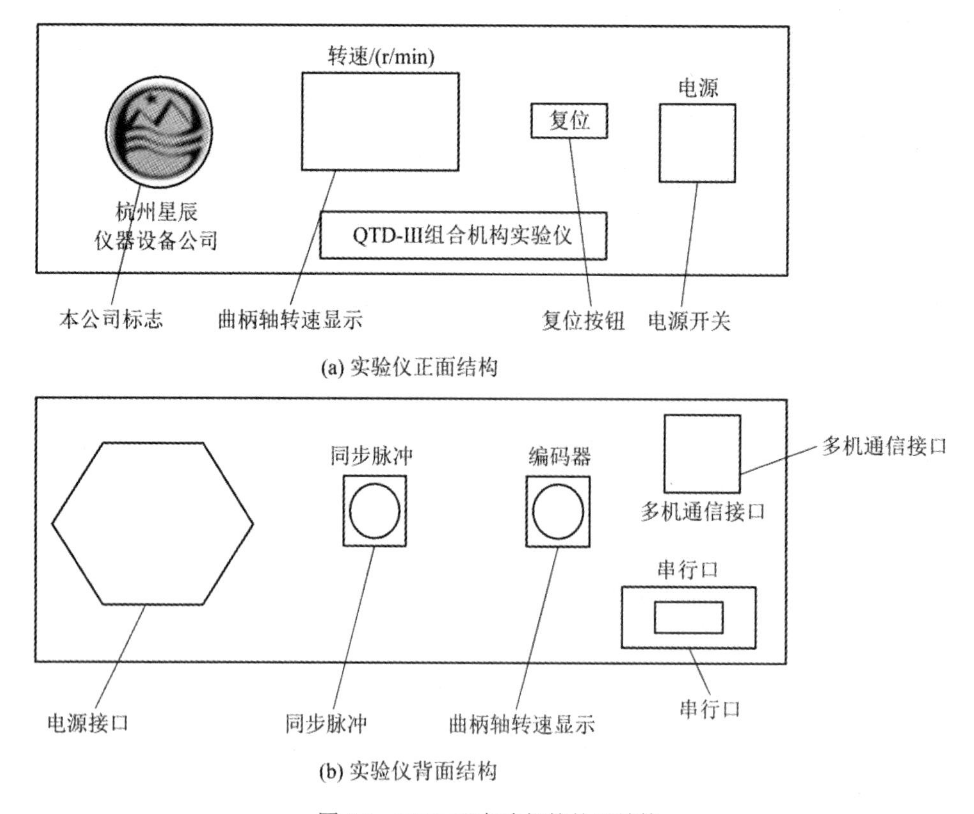


(a) 实验仪正面结构

(b) 实验仪背面结构

图 5.3　QTD-III实验仪的外形结构

### 2. 实验仪系统原理

以 QTD-III型组合机构实验仪为主体的整个控制系统的原理框图如图 5.4 所示。

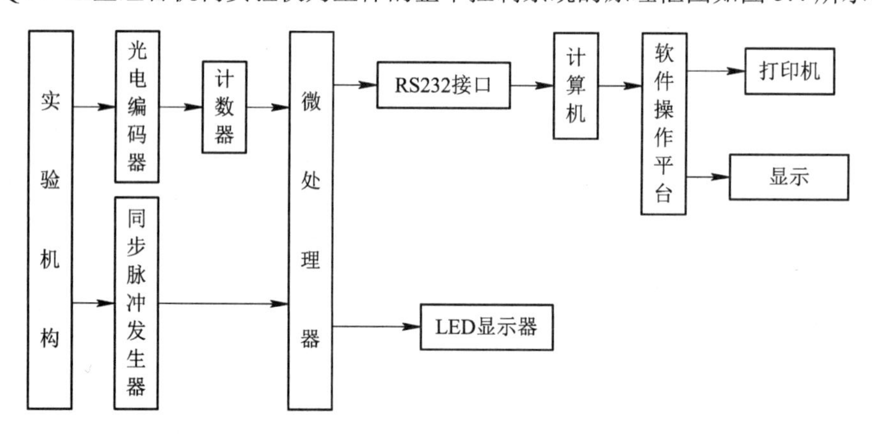


图 5.4　控制系统的原理框图

本实验仪以单片机最小系统组成，外扩 16 位计数器，接有 3 位 LED 显示数码管可实时显示机构运动时的曲柄轴的转速，同时可与 PC 机进行异步串行通信。

在实验机构动态运动过程中，滑块的往复移动通过光电脉冲编码器转换输出具有一定频率(频率与滑块往复速度成正比)的电平为 0～5 V 平的两路脉冲，接入微处理器外扩的计数器计数，通过微处理器进行初步运算，并送入 PC 进行处理，PC 通过软件系统在显示器上可显示出相应的数据和运动曲线图。

机构中还有两路信号送入单片机最小系统，那就是角度传感器送出的两路脉冲信号。其中一路是码盘角度脉冲，用于定角度采样，获取机构运动曲线；另一路是零位脉冲，用于标定采样数据时的零点位置。

机构的速度、加速度数值由位移经数值微分和数字滤波得到。

本实验仪测试结果不但可以以曲线形式输出，还可以直接打印出各点数值，克服了以往测试方法中，须对曲线进行人工标定和数据人工处理而带来较大的幅值误差和相位误差等问题。

本实验仪由微处理器和相应的外围设备组成，因此在数据处理的灵活性和结果显示、记录、打印的便利、清晰、直观等方面明显优于非微处理的同类仪器。另外，与电脑连接使用，使操作只要用键盘和鼠标就可完成，操作灵活方便。实验准备工作非常简单，在学生进行实验时稍作讲解即可使用。图 5.5 为实验系统外观。

图 5.5　实验系统外观

## 五、实验方法和步骤

### 1. 系统启动

启动机构教学组合实验系统，如果采用多机通信转换器，应根据用户计算机与多机通信转换器的串行接口通道，在程序界面的右上角串口选择框中选择合适的通道号(COM1 或 COM2)。根据运动学实验在多机通信转换器上所接的通道口，点击“重新配置键”，选择该通道口的应用程序为运动学实验，配置结束后，在主界面左边的实验项目框中，点击该通道“运动学”键，此时，多机通信转换器的相应通道指示灯应该点亮，运动学实验系统应用程序将自动启动。如图 5.6 所示。如果多机通信转换器的相应通道指示灯不亮，应检查多机通信转换器与计算机的通信线是否连接正确，确认通信的通道是否为键入的通信口(COM1 或 COM2)。点击图 5.6 中间的运动机构图像，将出现如图 5.7 所示的运动学机构实验系统界面，点击串口选择，正确选择(COM1 或 COM2)，点击数据选择键，等待数据输入。

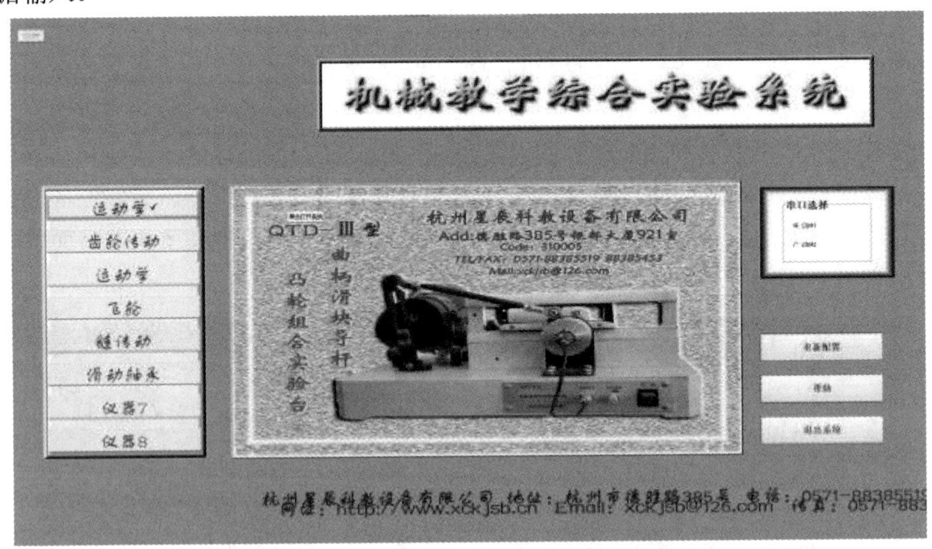


图 5.6　运动学机构实验系统初始界面

如果用户选择的是组合机构实验台与计算机直接连接，应在图 5.6 主界面右上角串口选择框中选择相应串口号(COM1 或 COM2)。在主界面左边的实验项目框中，点击“运动学”键。同样，在图 5.7 界面中点击串口选择键，正确选择(COM1 或 COM2)，并点击数据和采集键，等待数据的输入。

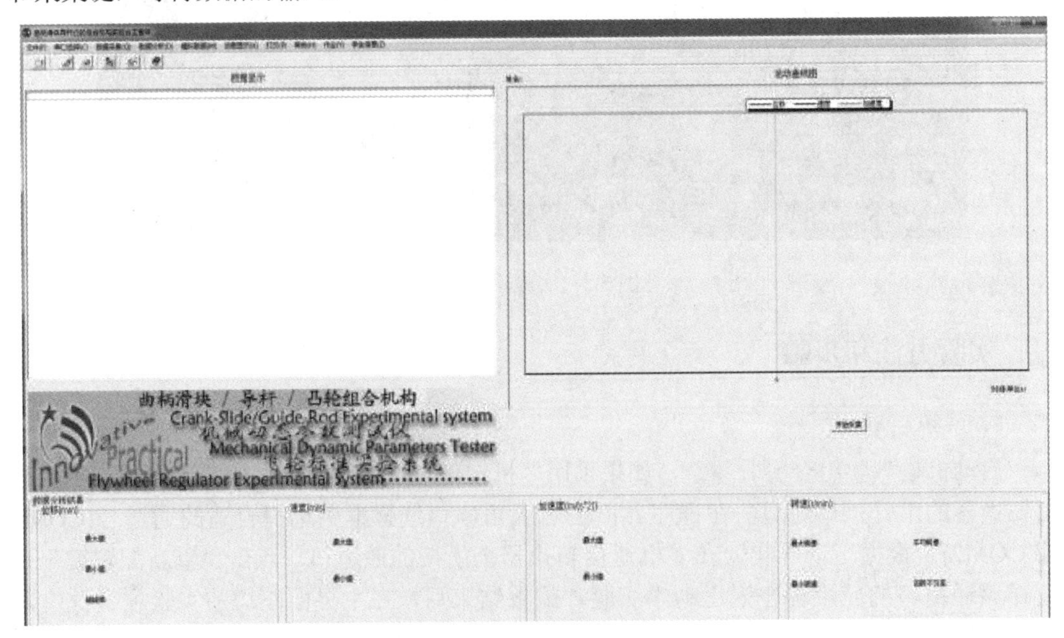


图 5.7　运动学机构实验台主窗体

### 2. 组合机构的实验操作

*1) 曲柄滑块运动机构实验*

将曲柄滑块机构组装好，按下述步骤进行测试。

(1) 滑块位移、速度、加速度测量。

① 将光电脉冲编码器输出的5芯插头及同步脉冲发生器输出的5芯插头分别插入测试仪上相对应接口上。把串行传输线一头插在计算机任一串口上，另一头插在实验仪相对应的串口上。

② 打开 QTD-III组合机构实验仪上的电源，此时带有 LED 数码管显示的面板上将显示“0”。

③ 打开计算机。

④ 在机构电源接通前应将电机调速电位器逆时针旋转至最低速的位置，然后接通电源，并顺时转动调速电位器，使转速逐渐加至所需的值(否则易烧断保险丝，甚至损坏调速器)，显示面板上实时显示曲柄轴的转速。

⑤ 机构运转正常后，就可在计算机上进行操作了，启动系统软件。

⑥ 选择好串口，并在弹出的采样参数设置区内选择相应的采样方式和采样常数。可以选择定时采样的方式，采样的时间常数有 10 个选择挡(分别是 2 ms、5 ms、10 ms、15 ms、20 ms、25 ms、30 ms、35 ms、40 ms、50 ms)，比如选 25 ms，也可以选择定角采样方式，采样的角度常数有 5 个选择挡(分别是 2°、4°、6°、8°、10°)，比如选择 4°。

⑦ 在“标定值输入框”中输入标定值 0.05。标定值是指光电脉冲编码器每输出一个脉冲所对应滑块的位移量(mm)，也称作光电编码器的脉冲当量。它是按以下公式计算出来的：

$$y = \frac{1}{2}M = \frac{\pi\phi}{N} \tag{5.1}$$

式中：$M$——脉冲当量；

$\phi$——齿轮分度圆直径(现配齿轮 $\phi = 16$ mm)；

$N$——光电脉冲编码器每转脉冲数(现配编码器 $N = 1000$)。

⑧ 按下“采样”按键，开始采样(测试仪在接收到 PC 的指令进行对机构运动的采样，并回送采集的数据给 PC，PC 对收到的数据进行处理，得到运动的位移值)。

⑨ 当采样完成，在界面将出现“运动曲线绘制区”，绘制当前的位移曲线，且在左边的“数据显示区”内显示采样的数据。

⑩ 按下“数据分析”键，则“运动曲线绘制区”将在位移曲线上再逐渐绘出相应的速度和加速度曲线，同时在左边的“数据显示区”内也将增加各采样点的速度和加速度的值。

(2) 转速及回转不匀率的测试。

① 同“滑块位移、速度、加速度测量”的①至⑦步。

② 选择好串口，在弹出的采样参数设计区内，选择最右边的一栏，角度常数的选择有5 挡(2°、4°、6°、8°、10°)，选择一个你想要的一档，比如选择 6°。

③ 同“滑块位移、速度、加速度测量”的⑨、⑩、⑪步，不同的是“数据显示区”不显示相应的数据。

2) 曲柄导杆滑块运动机构实验

将曲柄导杆滑块机构组装好，按上述步骤①②操作，比较曲柄滑块机构与曲柄导杆滑块机构运动参数的差异。

3) 平底直动从动件凸轮机构实验

将平底直动从动件凸轮机构组装好，检测其从动杆的运动规律。

4) 滚子直动从动件凸轮机构实验

将滚子直动从动件凸轮机构组装好，检测其从动杆的运动规律，并比较平底接触与滚子接触运动特性的差异。

## 六、实验注意事项

(1) 在未确定拼装机构能正常运行前，一定不能开机。

(2) 若机构在运行时出现松动、卡死等现象，请及时关闭电源，对机构进行调整。

# 实验六　凸轮廓线检测及模拟加工实验

凸轮机构综合实验应用了机械原理、检测技术、计算机辅助设计和数控机床的切削加工技术等多门课程的知识，以提高学生对检测、实验数据的处理能力，以及对凸轮设计和制造的整个过程有较为完整和深刻的认识，同时逐步具备应用先进的技术和工具解决工程实际问题的能力。

本实验包括以下三个部分内容。第一部分：输入凸轮参数和运动规律，进行凸轮轮廓曲线的设计，并进行凸轮机构的运动学仿真分析；第二部分：利用简易数控铣床调用凸轮实际廓曲线的数控加工程序进行实际加工；第三部分：对已加工的凸轮零件的实际廓线进行检测，要求学生掌握凸轮廓线的检测方法并能正确使用测量仪器准确地记录实验数据。

## 一、实验预习

(1) 为什么凸轮机构在自动控制装置中应用非常广泛？常用凸轮机构的类型有哪些？

(2) 哪些因素影响凸轮的轮廓形状？如何影响？

(3) 从动件偏置后，凸轮机构的运动特性有何改变？

(4) 为防止从动件不能按预定的运动规律发生运动而产生失真现象，滚子半径应如何选择？

## 二、实验目的

(1) 了解凸轮机构的基本构成形式。

(2) 了解凸轮轮廓曲线与从动件运动规律之间的相互关系，巩固凸轮机构设计的基础知识。

(3) 掌握凸轮廓曲线的检测方法，熟悉根据凸轮的实际轮廓线参数来反求从动件的理论运动规律曲线的过程。

(4) 了解凸轮轮廓曲线的制造误差对从动件运动的影响。

(5) 了解凸轮的加工工艺。

## 三、实验设备与工具

凸轮仿真加工及凸轮参数测试实验台，可安装一种盘形凸轮机构和一种圆柱凸轮机构，配相应的软件。图 6.1 为盘型凸轮模拟加工部分。图 6.2 为凸轮轮廓曲线检测部分。

配套工具有扳手、螺丝刀、木槌和轴承退卸器等。盘型凸轮模拟加工和凸轮轮廓曲线检测如图 6.1 和图 6.2 所示。

图 6.1　盘型凸轮模拟加工

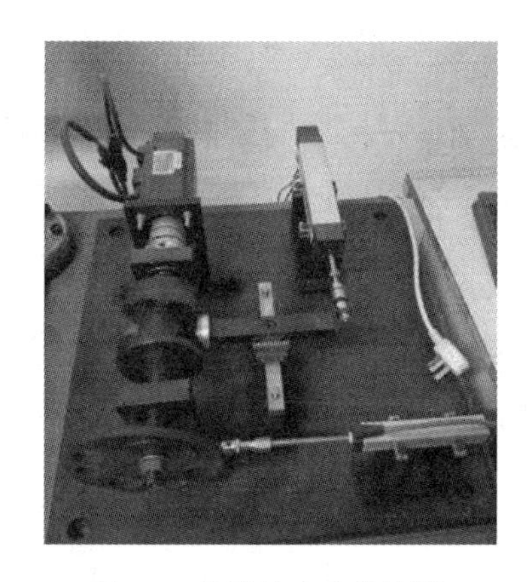

图 6.2　凸轮轮廓曲线检测

## 四、实验原理

在实验台输入凸轮结构参数和运动规律后，完成凸轮轮廓曲线设计，并给出实际轮廓曲线的坐标值，系统根据坐标值和刀具半径可计算出刀具中心轨迹的坐标值，当刀具按照相应坐标值规定的路径移动时，就可加工出所设计的凸轮。

实验台可测量盘形凸轮机构或圆柱凸轮机构中凸轮、推杆的运动参数，并通过计算机显示其速度、加速度的波形图。通过计算机多媒体数据用仿真软件计算凸轮、推杆的真实运动规律，并显示其速度、加速度的波形图，并与实测曲线比较分析。

凸轮运动仿真和实测，通过数模计算得出凸轮的真实运动规律，作出凸轮角速度线图和角加速度线图。通过凸轮上的角位移传感器和 A/D 转换器进行数据采集、转换和处理，并输入计算机显示出实测的凸轮角速度线图和角加速度线图，并通过分析比较，了解机构结构对凸轮速度波动的影响。

推杆运动仿真和实测，通过数模计算得出推杆的真实运动规律，作出推杆相对凸轮转角的速度线图、加速度线图。通过推杆上的位移传感器，凸轮上的同步转角传感器和 A/D 转换板进行数据采集、转换和处理，显示出实测的推杆相对凸轮转角的速度线图和加速度线图，并通过分析比较，了解机构结构及加工质量对推杆速度波动的影响。

## 五、实验方法与步骤

(1) 打开计算机，单击“凸轮机构”图标，进入凸轮仿真加工及凸轮参数测试实验台软件系统的界面。

(2) 在软件界面左上方单击“计算仿真”，进入计算仿真界面。

(3) 在计算仿真界面的右上方对话框中输入必要的原始参数，选择推程和回程运动规律，点击计算按钮，待计算结果出来后，在该界面上，单击“开始动画”，计算机在左侧区域动画显示所设计的凸轮机构，右侧区域显示理论计算出的从动件的位移、速度和加速度的曲线。

(4) 在界面左上方单击“机床控制”，进入机床控制界面。首先进行回零操作，使得工作台回到起始位置。采用点动或定位操作，使得工作台相对走到加工的起点位置。刀具Z 轴的移动需要手工控制，给出刀具半径和移动速度，可以单击“开始加工”，就可加工出凸轮。

(5) 在选定的实验内容的界面左下方单击“实测”，进行数据采集和传输，显示实测的位移、速度、加速度的曲线图。

(6) 如果实验结束，单击“退出”，返回 Windows 界面。

## 六、实验内容

(1) 利用计算机对凸轮机构结构的参数进行优化设计，然后，通过计算机对凸轮机构的运动进行仿真，随后对设计的凸轮机构中的凸轮进行实际切削加工。

(2) 利用计算机对凸轮机构的动态参数进行采集、处理，作出实测的动态参数曲线，并通过计算机对该机构的运动进行数模仿真，作出相应的动态参数曲线。

(3) 利用计算机的人机交互功能，学生在软件操作说明文件的指导下，可独立自主地进行实验，培养学生的动手能力。

## 七、实验注意事项

(1) 在测试凸轮轮廓时应检查各部件安装是否正确，并检查安装是否紧固。

(2) 在加工凸轮时，注意安全，切不可用手去触摸工件。

# 实验七　机械方案创意设计模拟实验

机械方案、创意设计的主要内容是机构的创新设计。在设计中，为了满足机器的功能要求，设计者可以根据机构的组成原理，充分发挥自己的创造力。本实验是基于机构组成原理进行的机构运动方案拼装实验，根据从动件工作的运动要求，构思运动方案，利用实验台提供的多功能部件，将其组装成机构模型。本实验通过修改、调整部件来完成设计，以确定最后的方案，可以培养学生的创新能力、动手能力和独立进行运动方案设计的能力，使其掌握机构创新的基本方法。本实验的主要内容包括：基于机构组成原理的拼接设计实验，基于创新设计原理的机构拼接设计实验，课程设计、毕业设计中机构系统方案的拼接实验，课外活动(如机械创新设计大赛)中机构方案的拼接实验。

## 一、实验预习

(1) 机构的基本类型有哪几种？

(2) 什么是机构组合和组合机构？

(3) 阅读教材，熟悉实验中所用的设备和零部件的功能，熟悉各种传动装置、固定支座及移动副等的拼装和安装方法。

## 二、实验目的

(1) 加深学生对机构组成理论的认识，熟悉杆组的概念，为机构创新设计奠定良好的基础。

(2) 利用若干不同的杆组，拼接各种不同的平面机构，以培养学生对机构运动创新设计意识及综合设计的能力。

(3) 培养学生用实验方法构思、验证、确定机械运动方案的初步能力。

(4) 训练学生的工程实践动手能力。

(5) 培养学生的创新思维及综合设计的能力。

## 三、实验要求

(1) 熟悉实验设备及功用。

(2) 自拟机构运动方案或选择本书中提供的机构运动方案作为拼装实验内容。

(3) 将机构进行正确拆分，并用机构运动简图表示。

(4) 拼装机构运动，并记录由实验得到的机构运动学尺寸。

## 四、实验设备与工具

本实验的实验设备每套由 4 个实验平台组成。其中，1 个实验平台由直线电动机驱动，2 个实验平台由转动电动机驱动，还有 1 个实验平台也是由转动电动机驱动，但带有速度传感器，可以测量构件的速度和加速度等参数。下面介绍实验设备的主要部分。

### 1. JYCS-Ⅱ机构运动方案创新设计实验台

JYCS-Ⅱ机构运动方案创新设计实验台内部由单片机控制，它可同时完成：对机构的主动轴转速、回转不匀率进行测量；对摆动从动件的摆动角位移、角速度、角加速度进行测量；对从动件的直线位移、速度、加速度的输出信号进行采集，并将采集到的数据传送到计算机，进行数据处理、显示、打开等。当电源开关指示灯亮时，表示仪器已经通电。面板上还设有主动轴光电编码器和摆动从动件光电编码器工作指示灯，在机构运动时该指示灯闪动，表示光电编码器处于工作正常状态。实验仪后板上的复位按钮用来对仪器进行复位，如果发现仪器工作不正常或者与计算机的通信有误，可以通过按复位按钮来清除。实验仪后板上还设有三个航空插座，“位移传感器”(五芯)用于连接直线位移传感器，“编码器 1”(七芯)用于连接主动轴光电编码器，“编码器 2”(七芯)用于连接摆动从动件光电编码器。实验台通过串行通信线与计算机进行数据传输(注意：要保证在计算机及实验台开电源前插好连接线，避免因带电插拔而损坏计算机主板)。标明“放大”字样的调节螺钉用来改变多圈电位器阻值，调节位移传感器输出信号的电压值。输出电压值可通过“输出电压”测量端进行测量(对应位移变化应控制在 0～10 V)。设备在出厂时已调好,用户一般不需进行调节,具体调节方法见实验平台测试分析系统软件使用说明书中“传感器标定”一节。

1) JYCS-Ⅱ型机构运动方案创新设计实验台的零件和主要功能

(1) 凸轮和高副锁紧弹簧：凸轮的基圆半径为 18 mm，从推动杆的行程为 30 mm。从动件的位移曲线是升-回型，且为正弦加速度运动。凸轮与从动件的高副是依靠弹簧力的锁合形成的。

(2) 齿轮：模数为 2，压力角为 20°，齿数为 34 或 42，两齿轮中心距为 76 mm。

(3) 齿条：模数为 2，压力角为 20°，单根齿条长为 422 mm。

(4) 槽轮拨盘，两个主动销。

(5) 四槽槽轮。

(6) 主动轴：动力输入用轴，轴上有平键槽。

(7) 转动副轴(或滑块)3：主要用于跨层面(非相邻平面)的转动副或移动副的形成。

(8) 扁头轴：又称从动轴，轴上无键槽，主要起支撑及传递运动的作用。

(9) 主动滑块差件：与主动滑块座配合使用，形成主动滑块。

(10) 主动滑块座：与直线电机齿条固连形成主动件，且随直线电机齿条作往复直线运动。

(11) 连杆(滑块导向杆)：其长槽与滑块形成移动副，其圆孔与轴形成转动副。

(12) 压紧连杆用特制垫片：用于固定连杆。

(13) 转动副轴(滑块)2：与固定转轴块配用时，可在连杆长槽的某一选定位置形成转动副。

(14) 转动副轴(滑块)1：用于两构件形成转动副。

(15) 带垫片螺栓：规格为 M6，转动副轴与连杆之间构成转动副或移动副时用带垫片螺栓连接。

(16) 压紧螺栓：规格为 M6，转动副轴与连杆形成同一构件时用该压紧螺栓连接。

(17) 运动构件层面限位套：用于不同构件运动平面之间的距离限定，避免发生运动构件间的运动干涉。

(18) 主动轴皮带轮：用于传递旋转主动运动。

(19) 盘杆转动轴：用于盘类零件与其它构件(如连杆)构成转动副。

(20) 固定转轴块：用螺栓将固定转轴块锁紧在连杆长槽上，零件可与该连杆在选定位置形成转动副轴。

(21) 加长连杆和固定凸轮弹簧用螺栓、螺母：用于锁紧连接件。

(22) 曲柄双连杆部件：偏心轮与活动圆环形成转动副，且已制作成一组合件。

(23) 齿条导向板：将齿条夹紧在两块齿条导向板之间，可保证齿轮与齿条的正常啮合。

(24) 转动副轴(滑块)4：轴的扁头主要用于两构件形成转动副，轴的圆头主要用于两构件形成移动副。

(25) 安装电动机座、行程开关座用的内六角螺栓/平垫片。

(26) 内六角螺钉。

(27) 内六角紧固螺钉。

(28) 滑块。

(29) 实验台机架。

(30) 立柱垫圈。

(31) 锁紧滑块方螺母。

(32) T 形螺母。

(33) 行程开关座(配内六角螺栓/平垫片)。

(34) 平垫片。

(35) 防脱螺母。

(36) 旋转电动机座。

(37) 直线电动机座。

(38) 平键。

(39) 直线电动机控制器。

(40) 皮带。

(41) 直线电动机、旋转电动机。

2) 实验台的主要技术参数

(1) 交流带直线电机：1 个/套，功率 $N = 25$ W(220 V)，行程 $L = 700$ mm。

(2) 交流带减速器电机：3 个/套，功率 $N = 90$ W(220 V)，输入转速 $n = 10$ r/min。

(3) 实验台机架数量：4 台/套。

(4) 实验台组件箱数量：4 只/套。

(5) 拼接机构运动方式：手动、电机带动(含旋转运动、直线运动)。

(6) 机架、零部件主要材质：A3 钢，45 号钢表面镀铬并确保不会变形。

(7) 可实现拼接方案数量：不少于 60 个。

(8) 直线位移传感器：量程为 150 mm、精度为 0.05 mm，1 只/套。

(9) 光栅角位移传感器：360 栅/转，1 只/套。

(10) 光栅角位移传感器：1000 栅/转，1 只/套。

(11) 数据采集实验仪：1 台/套。

(12) 电源：220 V AC/50 Hz。

(13) 外形尺寸：100 mm × 350 mm × 660 mm。

(14) 实验台重量：55 kg。

### 2. 直线电机及行程开关(10 mm/s)

直线电机安装在实验台机架底部，并可沿机架底部的直线槽移动，直线电机的长齿条为机构直线运动的主动件。在实验中，允许齿条单方向的最大位移为 300 mm，实验者可以根据主动滑块的位移量确定直线电机两个行程开关之间的相对间距，将两个行程开关的最大安装间距限制在 300 mm 范围内。

### 3. 直线电机控制器

直线电机控制器采用机械与电子组合的设计方式设计，控制电路由具有低压、微型及密封特点的功率继电器与机械行程开关组成，使用起来既安全又方便。控制器的前面板采用 LED 显示方式，当控制器的前面板与操作者面对面时，控制器上的发光管指示的是直线电动机齿条的位移方向。控制器后面板上设置有带保险丝管的电源线插座及与直线电动机、行程开关相连的 7 孔航空插座。

使用直线电机控制器的注意事项如下：① 必须在直线电机控制器的外接电源关闭的状态下进行外接线工作，严禁带电作业；② 直线电机外接线上串接有连线塑料盒，严禁挤压、摔打；③ 拼接机构运动前，预设直线电机的工作行程后，调整电机齿条上滑块座底部的高度，确保电机齿条上的滑块座能有效碰撞行程开关，确保行程开关能灵活动作，防止电机直齿条脱离电机主体或断齿，防止零件损坏，保证人身安全。若出现行程开关失灵，应立即切断电源。

### 4. 旋转电机(10 r/min)

旋转电机安装在实验台机架的底部，并可沿机架底部的长形槽移动。电机上连有 220 V、50 Hz 的电源线插头，连线上接有连线盒及电源开关。

使用旋转电机控制器的注意事项为：旋转电机外接连线上串接有连线塑料盒，严禁挤压、摔打。

### 5. 实验工具

M5、M6、M8 内六角扳手，6 或 8 英寸活动扳手，1 米卷尺，笔和纸。

## 五、实验原理

任何机构都是由自由度为零的若干杆组，依次连接到原动件(或已经形成的简单的机构)和机架上所组成的。

本实验的主要内容是正确拼装运动副及机构运动方案，即根据拟定或由实验中获得的机构运动学尺寸，利用机构运动方案创新设计实验台提供的零件，按机构运动的传递顺序进行拼接。拼接时，首先要分清机构中各构件所占据的运动平面，以避免各运动构件发生运动干涉。然后，以实验台机架铅垂面为拼接的起始参考面，按预定的拼接计划进行拼接。拼接中应注意各构件的运动平面是相互平行的，所拼接机构的延伸运动层面数愈少，机构运动的平衡性愈好。为此，建议机构中各构件的运动层面以交错层的排列方式进行拼接。

下面介绍机构运动方案创新设计实验台提供的运动副的拼接方法。

### 1. 实验台机架

实验台机架如图 7.1 所示。实验台机架中有 5 根铅垂立柱，它们可沿 $x$ 轴方向移动。移动时，用双手扶稳立柱，使立柱在移动过程中保持铅垂状态，这样便可以轻松推动立柱。立柱移动到预定的位置后，将立柱上、下两端的螺栓锁紧(注意：不允许将立柱上、下两端的螺栓卸下，在移动立柱前只需将螺栓拧松即可)。立柱上的滑块可沿 $y$ 轴方向移动，将滑块移动到预定的位置后，用螺栓将滑块紧固在立柱上。按上述方法即可在 $Oxy$ 平面内确定活动构件相对机架的连接位置。实验者所面对的机架铅垂面称为拼接起始参考面或操作面。

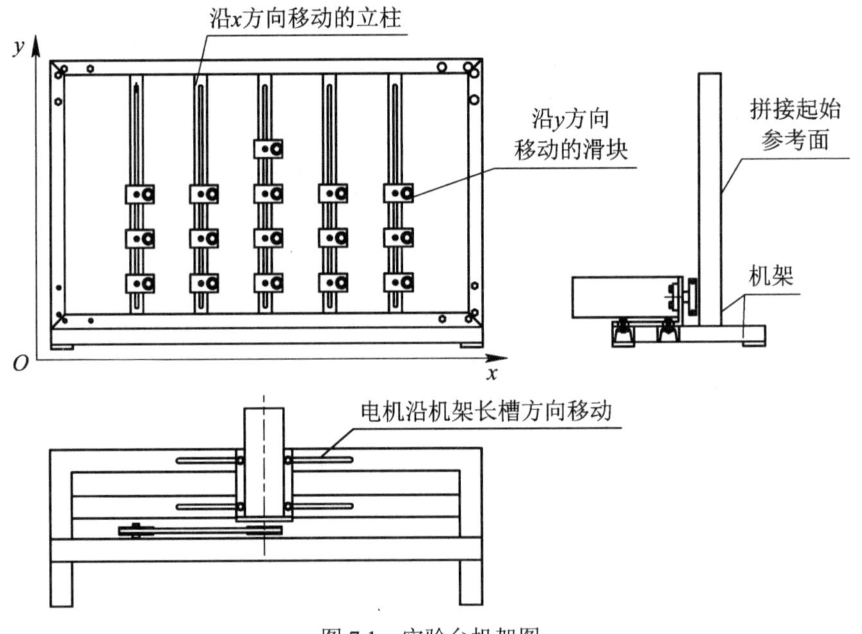


图 7.1　实验台机架图

### 2. 轴相对于机架的拼接

轴相对于机架的拼接如图 7.2 所示。图中的编号与“机构运动创新设计方案实验台组件清单”中的序号相同。

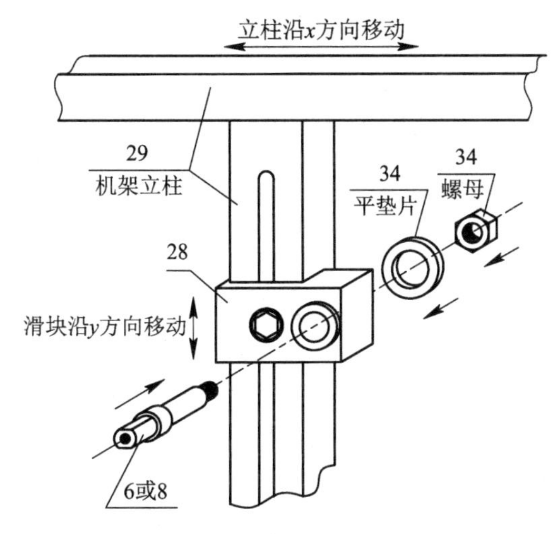


图 7.2　轴相对于机架的拼接图

有螺纹端的轴颈可以插入滑块 28 上的铜套孔内，通过平垫片、防脱螺母 34 的连接与机架形成转动副或与机架固定。若按图 7.2 拼接，则 6 或 8 轴相对于机架固定；若不使用平垫片 34，则 6 或 8 轴相对于机架作旋转运动。拼接者可根据需要确定是否使用平垫片 34。

扁头轴 6 为主动轴，8 为从动轴。该轴主要用于与其它构件形成移动副或转动副，也可将连杆或盘类零件等固定在扁头轴颈上，使之成为一个构件。

### 3. 转动副的拼接

转动副的拼接图如图 7.3 所示。图示中的编号与“机构运动创新设计方案实验台组件清单”中的序号相同。

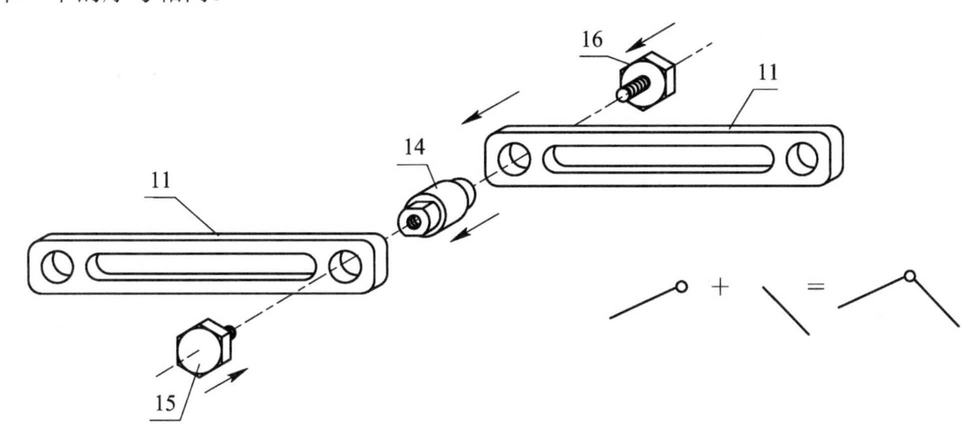


图 7.3　转动副拼接图

若两连杆间形成转动副，则可按图 7.3 所示方式拼接。其中，件 14 的扁平轴颈可分别插入两连杆 11 的圆孔内，再用压紧螺栓 16 和带垫片螺栓 15 分别与转动副轴 14 两端面上的螺孔连接。这样一根连杆被压紧螺栓 16 固定在 14 件的轴颈处，而与带垫片螺栓 15 相连接的件 14 相对于另一连杆转动。

提示：根据实际拼接层面的需要，件 14 可用件 7“转动副轴 3”替代，由于件 7 的轴颈较长，因此需选用相应的运动构件层面限位套 17 对构件的运动层面进行限位。

#### 4. 移动副的拼接

如图 7.4 所示，转动副轴 14 的圆轴端插入连杆 11 的长槽中，通过带垫片螺栓 15 连接，转动副轴 14 可与连杆 11 形成移动副。

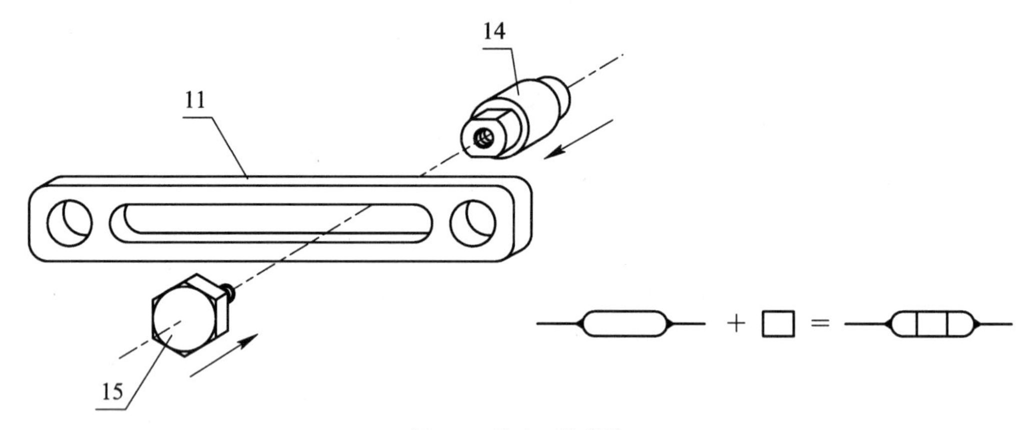


图 7.4　移动副的拼接

提示：转动副轴 14 的另一端扁平轴可与其它构件形成转动副或移动副，根据拼接的实际需要，也可选用件 7 或 14 替代件 24 作为滑块。

另外一种移动副的拼接如图 7.5 所示，选用两根轴(6 或 8)，将轴固定在机架上，然后再将连杆 11 的长槽插入两轴的扁平轴颈上，拧紧带垫片螺栓 15，则连杆在两轴的支撑下相对于机架可作往复移动。

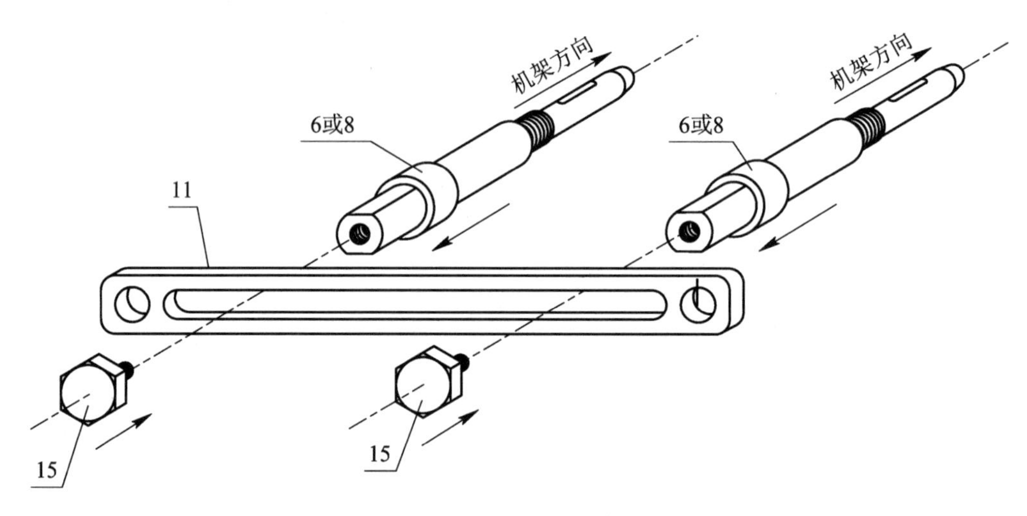


图 7.5　移动副的拼接

#### 5. 滑块与连杆组成转动副和移动副的拼接

滑块与连杆组成转动副和移动副的拼接如图 7.6 所示。图中的编号与“机构运动创新设计方案实验台组件清单”中的序号相同。

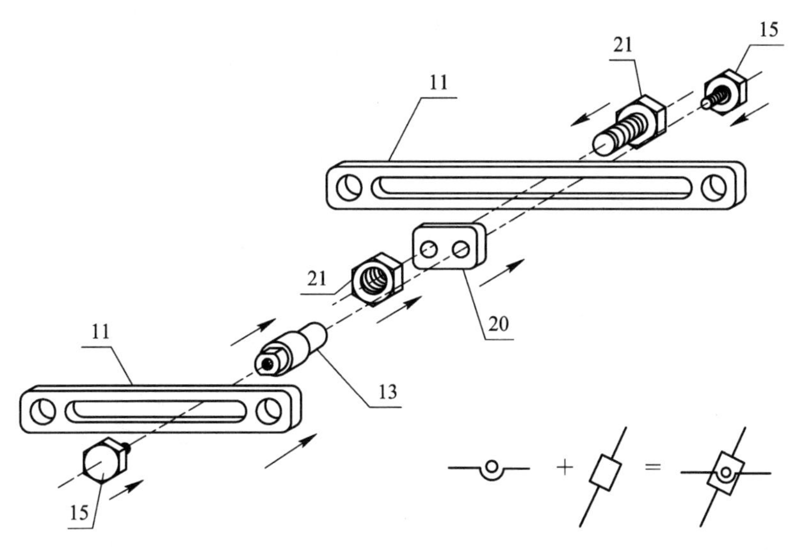


图 7.6　滑块与连杆组成转动副、移动副的拼接

此拼接效果是滑块 13 的扁平轴颈处与连杆 11 形成移动副，在固定转轴块 20 和螺栓、螺母 21 的作用下，滑块 13 的圆轴颈与另一连杆在连杆长槽的某一位置形成转动副。首先用螺栓、螺母 21 将固定转轴块 20 锁定在连杆 11 上，再将滑块 13 的圆轴端穿插到固定、转轴块 20 的圆孔及连杆 11 的长槽中，用带垫片螺栓 15 旋入滑块 13 的圆轴颈端面的螺孔中，这样滑块 13 与连杆 11 形成转动副。将滑块 13 扁头轴颈插入另一连杆的长槽中，将带垫片螺栓 15 旋入滑块 13 的扁平轴端面螺孔中，这样滑块 13 与另一连杆 11 形成移动副。

### 6. 齿轮与轴的拼接

齿轮与轴的拼接图如图 7.7 所示。图中的编号与“机构运动创新设计方案实验台组件清单”中的序号相同。

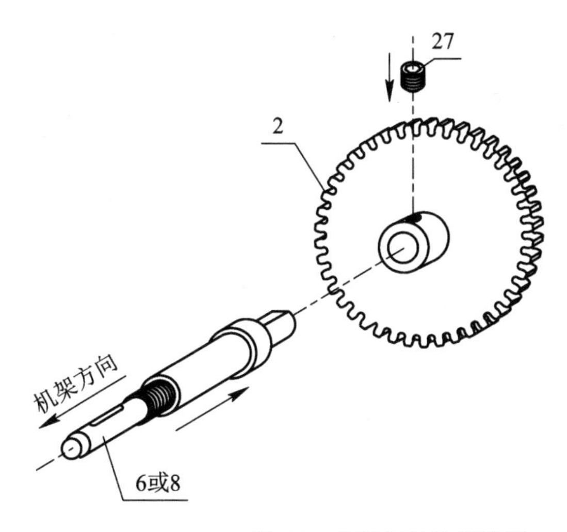


图 7.7　齿轮与轴的拼接图

轴 6 或轴 8 装入齿轮 2 时，应紧靠轴(或运动构件层面限位套 17)的根部，以防止造成

构件的运动层面距离的累积误差。按图 7.7 连接好后，用内六角紧固螺钉 27 将齿轮固定在轴的上(注意：螺钉应压紧在轴的平面上)，这样，齿轮与轴形成一个构件。

若不用内六角紧固螺钉 27 将齿轮固定在轴上，则欲使齿轮相对于轴转动，选用带垫片螺栓 15 旋入轴端面的螺孔内即可。

### 7. 齿轮与连杆形成转动副的拼接

齿轮与连杆形成转动副的拼接如图 7.8 所示。图中的编号与“机构运动创新设计方案实验台组件清单”中的序号相同。

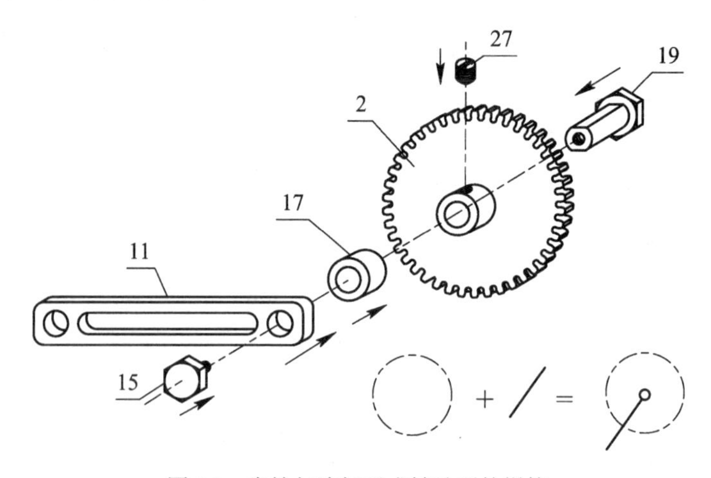


图 7.8　齿轮与连杆形成转动副的拼接

连杆 11 与齿轮 2 形成转动副，视所选用的盘杆转动轴 19 的轴颈长度不同，决定是否需用运动构件层面限位套 17。

若选用轴颈长度 $L = 35$ mm 的盘杆转动轴 19，则可组成双联齿轮，并与连杆形成转动副，如图 7.9 所示；若选用 $L = 45$ mm 的盘杆转动轴 19，同样可以组成双联齿轮，与前者不同是要在盘杆转动轴 19 上加装一个运动构件层面限位套 17。

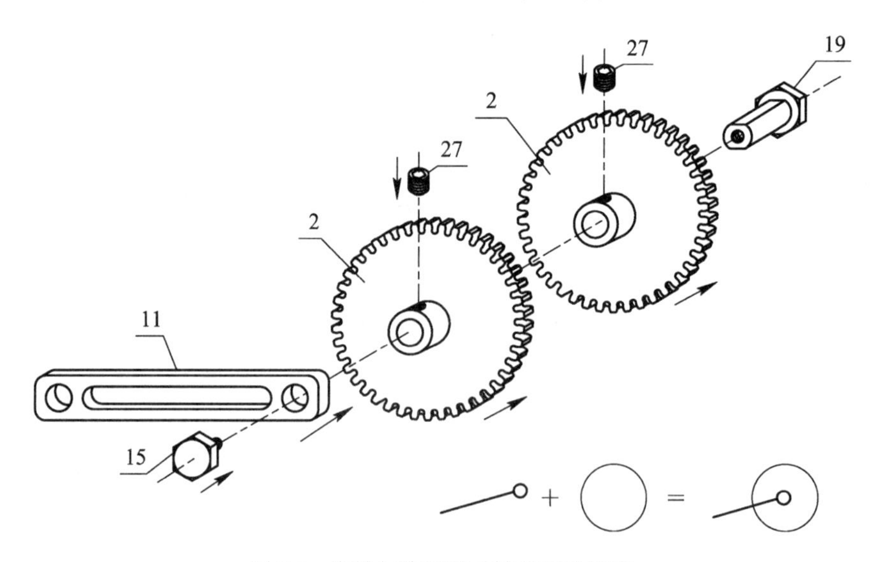


图 7.9　齿轮与连杆形成转动副的拼接

### 8. 齿条护板与齿条、齿条与齿轮的拼接

齿条护板与齿条、齿条与齿轮的拼接如图 7.10 所示。图中的编号与“机构运动创新设计方案实验台组件清单”中的序号相同。

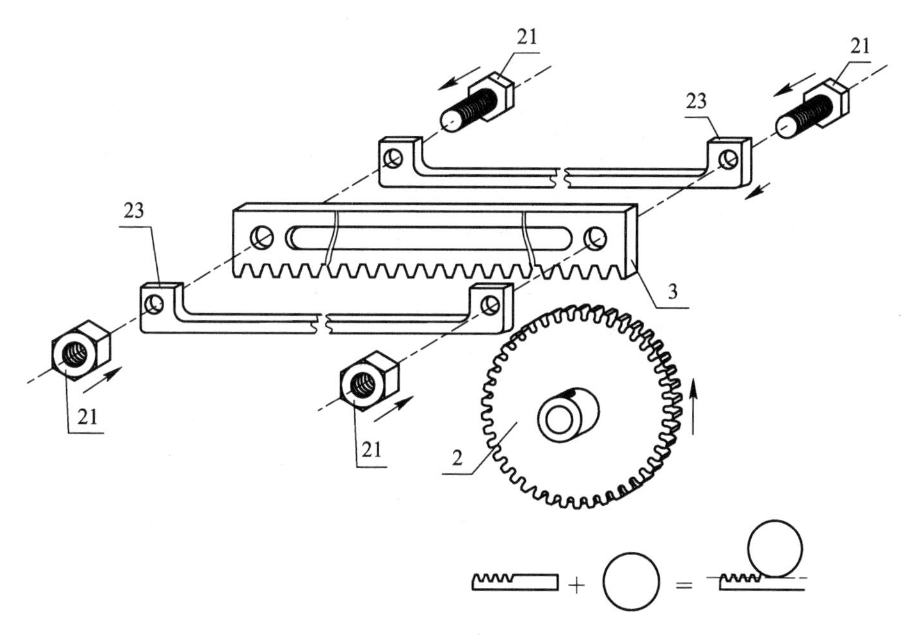


图 7.10　齿轮护板与齿条、齿条与齿轮的拼接

当齿轮相对于齿条啮合时，若不使用齿条导向板，则齿轮在运动时会脱离齿条。为避免此种情况发生，在设计齿轮与齿条啮合运动时，选用两根齿条导向板 23 和螺栓、螺母 21 对齿轮进行限位拼接。

### 9. 凸轮与轴的拼接

凸轮与轴的拼接如图 7.11 所示。图中的编号与“机构运动创新设计方案实验台组件清单”中的序号相同。

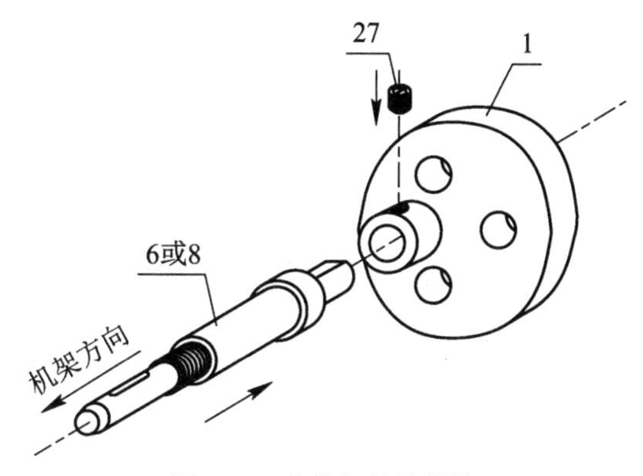


图 7.11　凸轮与轴的拼接

拼接后，凸轮 1 与轴 6 或 8 形成一个构件。

若不用内六角紧固螺钉 27 将凸轮固定在轴上，而选用带垫片螺栓 15 旋入轴端面的螺孔内，则凸轮相对于轴转动。

## 10. 凸轮高副的拼接

凸轮高副的拼接如图 7.12 所示。图示的编号与“机构运动创新设计方案实验台组件清单”中的序号相同。

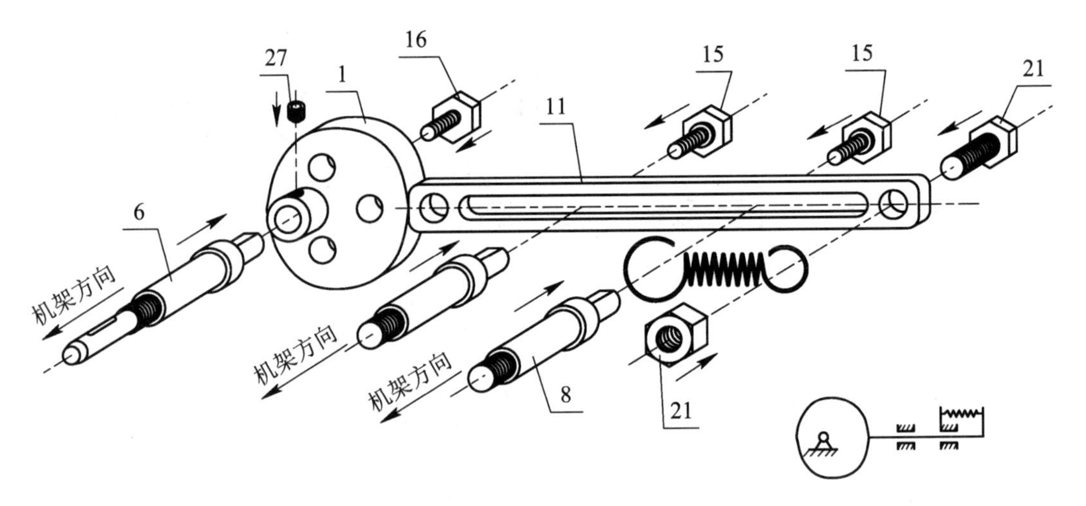


图 7.12　凸轮高副的拼接

首先将轴 6 和轴 8 与机架相连，然后分别将凸轮 1、从动件连杆 11 与相应轴拼接。用内六角紧固螺钉 27 将凸轮紧定在轴 6 上，凸轮 1 与轴 6 形成一个运动构件。将带垫片螺栓 15 旋入轴 8 端面的螺孔中，连杆 11 相对于轴 8 作往复移动。高副锁紧弹簧的小耳环用螺栓、螺母 21 固定在从动杆连杆上，大耳环的安装方式可根据拼接情况自定。注意：弹簧的大耳环安装好后，弹簧不能随运动构件转动，否则弹簧会被缠绕在转轴上而不能工作。

提示：用于支撑连杆的两轴间的距离应与连杆的移动距离(凸轮的最大升程为 30 mm)相匹配。欲使凸轮相对于轴的安装更牢固，还可在轴端面的内螺孔中加装带垫片螺栓 15。

## 11. 曲柄双连杆部件的使用

曲柄双连杆部件的使用如图 7.13 所示。

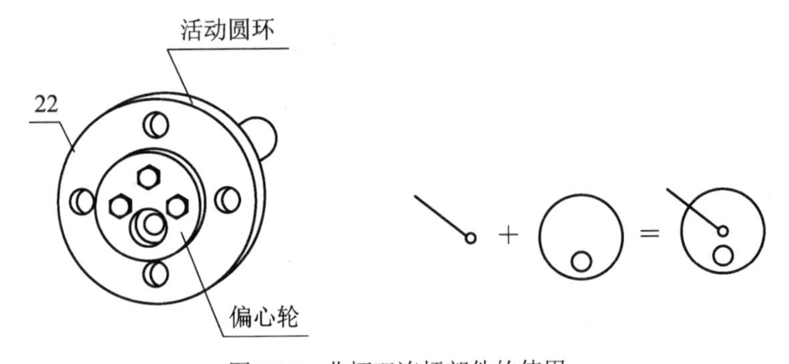


图 7.13　曲柄双连杆部件的使用

曲柄双连杆部件 22 是由一个偏心轮和一个活动圆环组合而成的。在拼接类似蒸汽机机构运动方案时，需要用到曲柄双连杆部件，否则会产生运动干涉。欲将一根连杆与偏心轮形成同一构件，可将该连杆与偏心轮固定在同一根 6 或 8 轴上。

### 12. 槽轮副的拼接

槽轮副的拼接如图 7.14 所示。图中的编号与“机构运动创新设计方案实验台组件清单”中的序号相同。

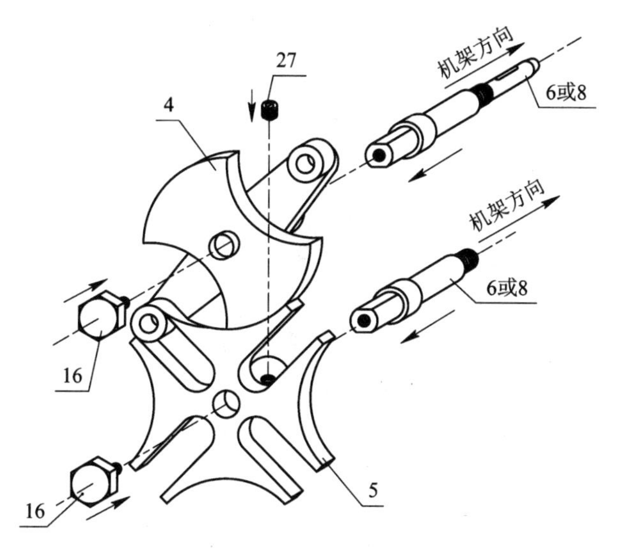


图 7.14　槽轮副的拼接

通过调整两轴 6 或轴 8 的间距使槽轮的运动传递灵活。

提示：为使盘类零件相对轴更牢靠固定，除使用内六角螺钉 27 紧固外，还可加用压紧螺栓 16。

### 13. 滑块导向杆相对机架的拼接

滑块导向杆相对机架的拼接如图 7.15 所示。图中的编号与“机构运动创新设计方案实验台组件清单”中的序号相同。

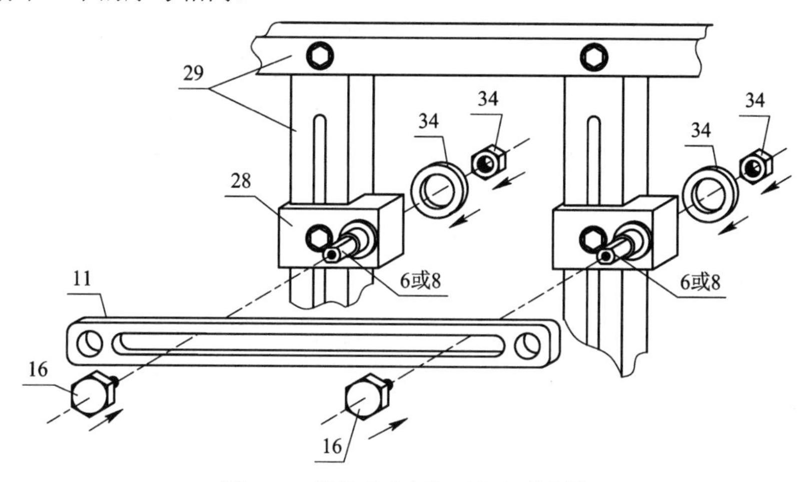


图 7.15　滑块导向杆相对机架的拼接

将轴 6 或 8 插入滑块 28 的轴孔中，用平垫片、防脱螺母 34 将轴 6 或轴 8 固定在机架 29 上，并使轴颈平面平行于直线电机齿条的运动平面，以保证主动滑块插件 9 的中心轴线与直线电机齿条的中心轴线相互垂直且在一个运动平面内。将滑块导向杆 11 通过压紧螺栓

16 固定在 6 或 8 轴颈上。这样，滑块导向杆 11 与机架 29 成为一个构件。

### 14. 主动滑块与直线电机齿条的拼接

与机架固连，使主动滑块插件搁置在长槽中往复运动如图 7.16 所示。图中的编号与“机构运动创新设计方案实验台组件清单”中的序号相同。

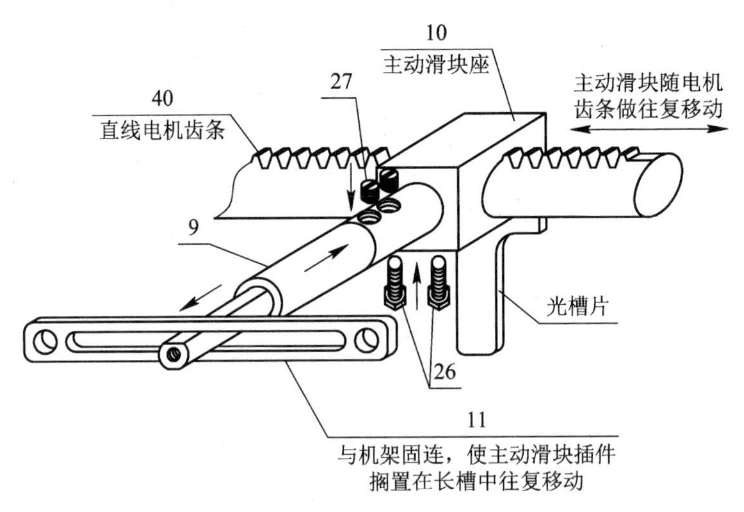


图 7.16　主动滑块与直线电机齿条的拼接

输入主动运动为直线运动的构件称为主动滑块。首先将主动滑块座 10 套在直线电机的齿条上(为了避免直线电机齿条脱离电机主体，建议将主动滑块座固定在电机齿条的端头位置)，再将主动滑块插件 9 上只有一个平面的轴颈端插入主动滑块座 10 的内孔中，有两平面的轴颈端插入起支撑作用的连杆 11 的长槽中(使主动滑块不作悬臂运动)，然后，将主动滑块座调整至水平状态，直至主动滑块插件 9 相对连杆 11 的长槽能作灵活的往复直线运动为止，用螺栓 26 将主动滑块座固定。起支撑作用的连杆 11 固定在机架 29 上。最后，根据外接构件的运动层面需要调节主动滑块插件 9 的外伸长度(必要的情况下，沿主动滑块插件 9 的轴线方向调整直线电机的位置)，以满足与主动滑块插件 9 形成运动副的构件的运动层面的需要，用内六角紧定螺钉 27 将主动滑块插件 9 固定在主动滑块座 10 上。

提示：图 7.16 所拼接的部分仅为某一机构的主动运动部分，后续拼接的构件还将占用空间，因此，在拼接图示部分时尽量减少占用空间，以方便往后的拼接需要，具体的做法是将直线电机固定在机架的最左边或最右边位置。

### 15. 光槽行程开关的安装

光槽行程开关的安装如图 7.17 所示。首先用螺钉将光槽片固定在主动滑块座上，再将主动滑块座水平固定在直线电机齿条的端头，然后用内六角螺钉将光槽行程开关固定在实验台机架底部的长槽上，使光槽片处在光槽间隙之间，光槽片能顺利通过光槽行程开关，可保证光槽行程开关有效工作而不被光槽片撞坏。

在固定光槽行程开关前，应调试光槽行程开关的控制方向与电机齿条的往复运动方向一致。具体操作如下：操作者拿一可遮挡光线的薄片(相当于光槽片)间断插入或抽出光槽行程开关的光槽，确认光槽行程开关的安装方位与光槽行程开关所控制的电机齿条运动方向一致，可固定光槽行程开关。

**注意**：直线电机齿条的单方向位移量是通过上述一对光槽行程开关的间距来实现其控制的，光槽行程开关之间的安装间距即为直线电机齿条在单方向的行程，一对光槽行程开关的安装间距要求不超过 290 mm。由于主动滑块座需要靠连杆支撑(参看图 7.16)，即主动滑块是在连杆的长孔范围内作往复运动，最长连杆上的长孔尺寸小于 300 mm，因此，一对光槽行程开关的安装间距不能超过 290 mm，否则会造成人身和设备的安全事故。

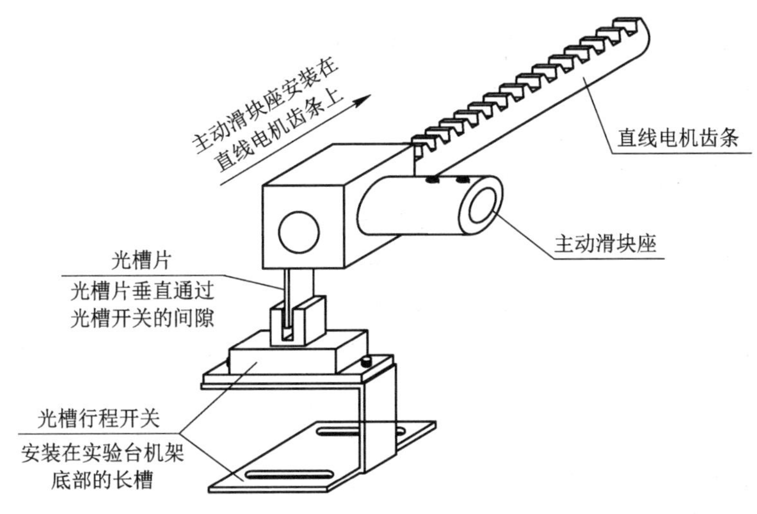


图 7.17　光槽行程开关的安装

### 16. 蒸汽机机构拼接实例

蒸汽机机构拼接实例如图 7.18 所示。图中的编号与“机构运动创新设计方案实验台组件清单”中的序号相同。

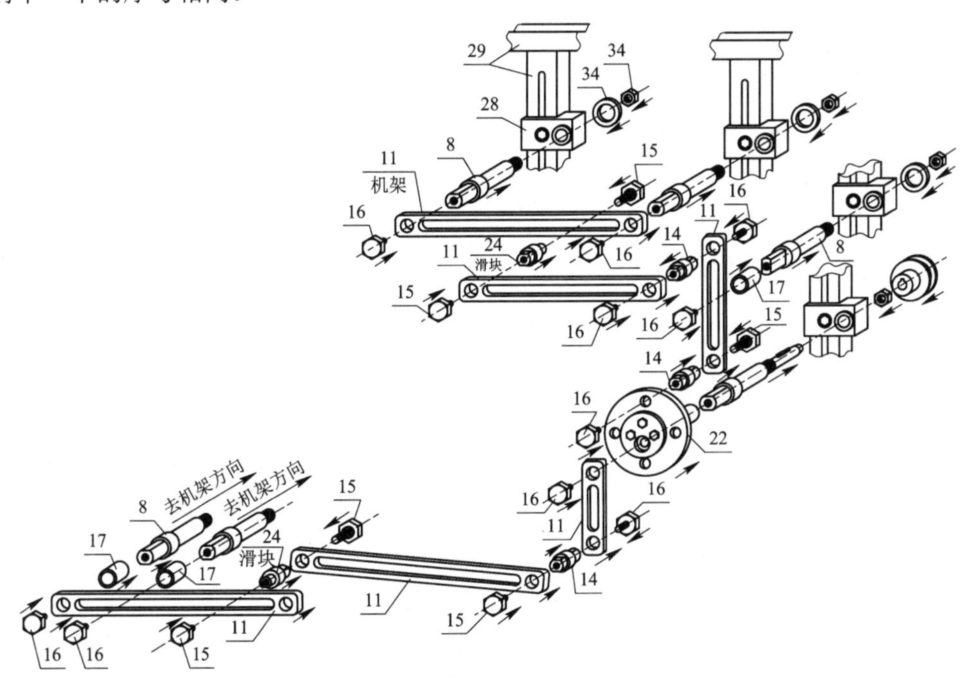


图 7.18　蒸汽机机构拼接实例

在实际拼接中，为避免蒸汽机机构中的曲柄滑块机构与曲柄摇杆机构间的运动发生干涉，机构运动简图中所标明的构件 1 和构件 4 应选用曲柄双连杆部件 22 和一根短连杆 11 替代。

## 六、实验方法与步骤

(1) 认识实验台提供的各种传动机构的结构及传动特点。

(2) 确定执行构件的运动方式(如回转运动、间歇运动等)。

(3) 设计或选择所需要的机构。

(4) 看懂该机构的装配图和零部件结构图。

(5) 找出有关零部件，并按装配图进行安装。

(6) 机构运动正常后，检查机构运动是否正常。

(7) 实验完毕后，拆下构件，放回原处。

## 七、实验内容

所列各种机构均选自于工程实践中，要求学生任选一个机构运动方案，根据机构运动简图初步拟订机构运动学尺寸后(机构运动学尺寸也可由实验法求得)，再进行机构杆组的拆分，完成机构拼接设计实验。

### 1. 蒸汽机机构

1) 结构说明

如图 7.19 所示。1-2-3-8 组成曲柄滑块机构，1-4-5-8 组成曲柄摇杆机构，5-6-7-8 组成摇杆滑块机构。

2) 工作特点

曲柄摇杆机构与摇杆滑块机构串联组合，滑块 3、7 做往复运动，并有急回特性，适当选取机构运动学尺寸，可使两滑块之间的相对运动满足协调配合的工作要求。

3) 应用举例

蒸汽机的活塞运动及阀门启闭机构如图 7.19 所示。

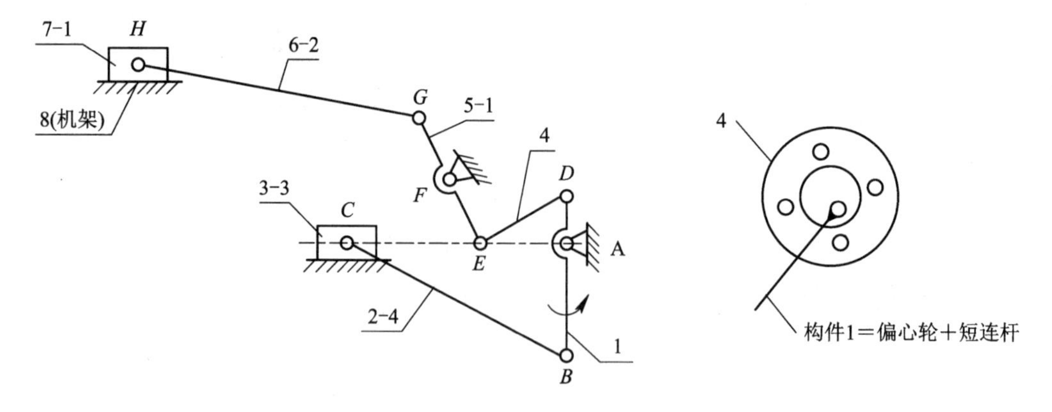


图 7.19　蒸汽机机构

图 7.19 中，数字编号的意义为：横杠前面的数字代表构件编号，横杠后面的数字表示该构件所占据的运动层面。在拼接时，注意构件 1(偏心轮)与构件 4(圆环)已制作成为一个整体，通常称之为曲柄双连杆部件。

构件 1(偏心轮)与构件 4(活动圆环)已组合为一个零件，称之为曲柄双连杆部件。两活动构件形成转动副，且转动副的中心在圆环的几何中心处。

为达到延长 *AB* 距离的目的，将一短连杆与构件 1 固定在同一根转轴上，可使轴、短连杆和偏心轮三个零件形成同一活动构件。建议在实际拼接中，使短连杆占据第三层运动层面。

### 2. 自动车床送料机构

1) 结构说明

由凸轮与连杆组合而成的机构。

2) 工作特点

一般凸轮为主动件，能够实现较复杂的运动。

3) 应用举例

自动车床送料及进刀机构如图 7.20 所示。由平底直动从动件盘状凸轮机构与连杆机构组成。当凸轮转动时，推动杆 5 往复移动，通过连杆 4 与摆杆 3 及滑块 2 带动从动件 1(推料杆)作周期性往复直线运动。

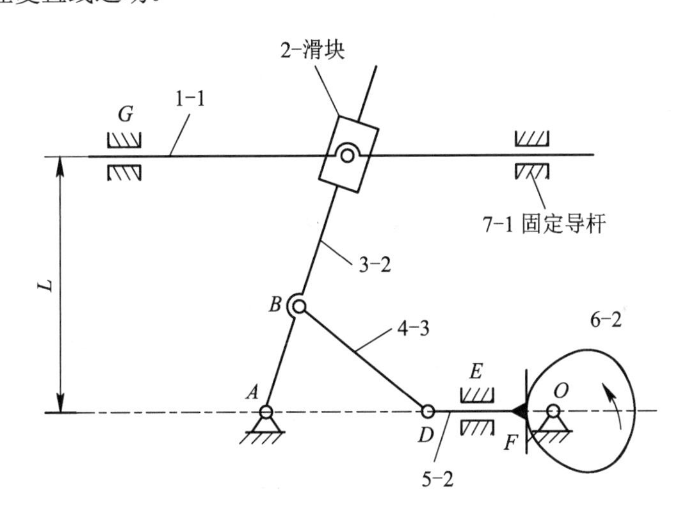


图 7.20　自动车床送料机构

### 3. 六杆机构

1) 结构说明

如图 7.21 所示，由曲柄摇杆机构 6-1-2-3 与摆动导杆机构 3-4-5-6 组成六杆机构。曲柄 1 为主动件，摆杆 5 为从动件。

2) 工作特点

当曲柄 1 连续转动时，通过杆 2 使摆杆 3 作一定角度的摆动，再通过导杆机构使摆杆 5 的摆角增大。

3) 应用举例

六杆机构可用于缝纫机摆梭机构。

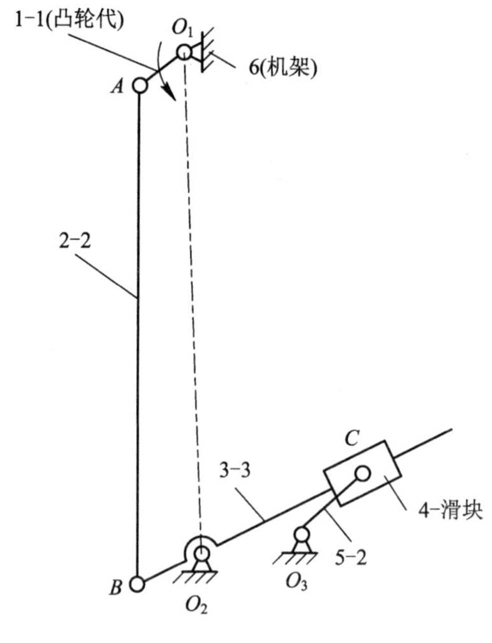


图 7.21　六杆机构

## 4. 双摆杆摆角放大机构

1) 结构说明

如图 7.22 所示，主动摆杆 1 与从动摆杆 3 的中心距 $a$ 应小于摆杆 1 的半径 $r$。

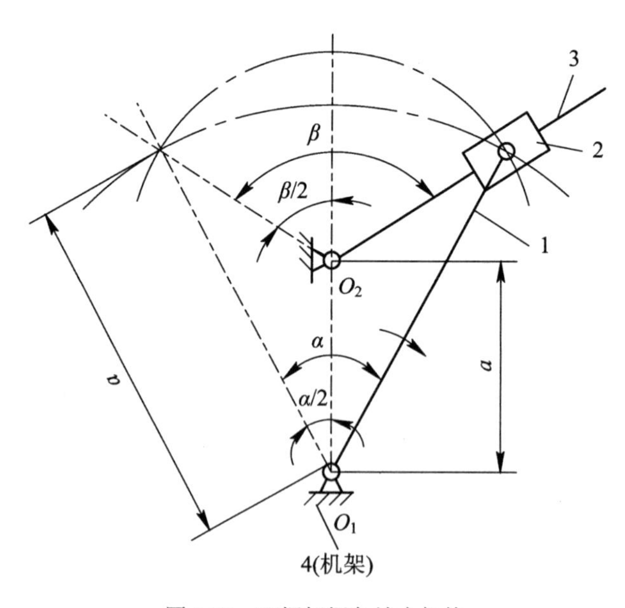


图 7.22　双摆杆摆角放大机构

2) 工作特点

当主动摆杆 1 摆动 $\alpha$ 角时，从动杆 3 的摆角 $\beta$ 大于 $\alpha$，实现摆角增大，各参数之间的关系为 $\beta = 2\arctan\dfrac{\dfrac{r}{a}\tan\dfrac{\alpha}{2}}{\dfrac{r}{a}-\sec\dfrac{\alpha}{2}}$。

注：由于是双摆杆，所以不能用电机带动，只能用手动方式观察其运动，若要电机带动，则可按图 7.23 所示方式拼接。

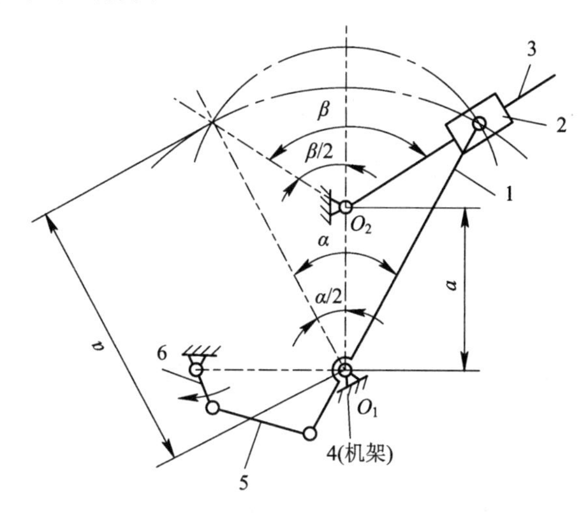


图 7.23 双摆杆摆角放大机构

## 5. 转动导杆与凸轮放大升程机构

1) 结构说明

如图 7.24 所示，曲柄 1 为主动件，凸轮 3 和导杆 2 固连。

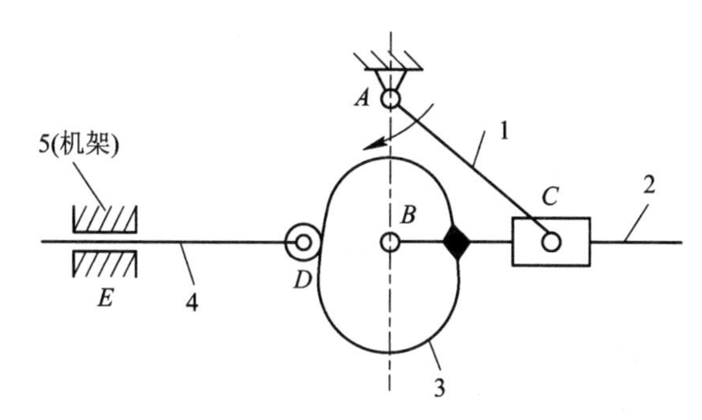


图 7.24 转动导杆与凸轮放大升程机构

2) 工作特点

当曲柄 1 从图示位置顺时针转过 90° 时，导杆和凸轮一起转过 180° 。

3) 应用举例

图 7.24 所示的机构常用于凸轮升程较大，而升程角受到某些因素的限制而不能太大，

该机构制造安装简单，工作性能可靠。

### 6. 铰链四杆机构

1) 结构说明

如图 7.25 所示，双摇杆机构 $ABCD$ 的各构件长度应满足条件：机架 $\overline{AB}=0.64\overline{BC}$，摇杆 $\overline{AD}=1.18\overline{BC}$，连杆 $\overline{DC}=0.27\overline{BC}$，$E$ 点为连杆 $\overline{CD}$ 延长线上的点，且 $\overline{DE}=0.83\overline{BC}$，$BC$ 为主动摇杆。

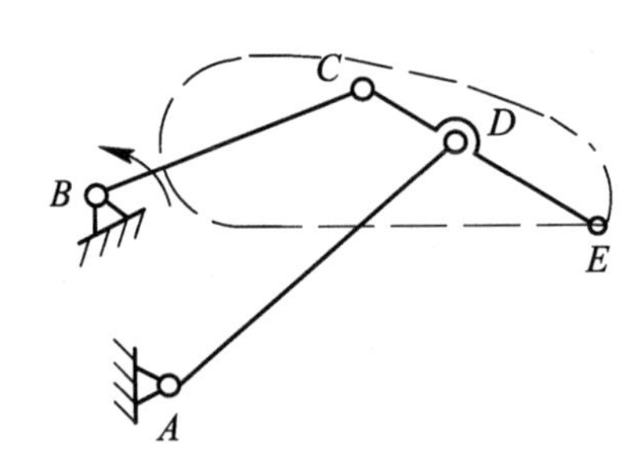


图 7.25　铰链四杆机构

2) 工作特点

当主动摇杆 $BC$ 绕 $B$ 点摆动时，$E$ 点轨迹为图中点画线所示，其中 $E$ 点轨迹有一段近似为直线。

3) 应用举例

此结构可用作固定式港口用起重机，$E$ 点处安装吊钩，利用 $E$ 点的轨迹的近似直线段吊装货物，能保证吊装设备的平稳性要求。

注：由于是双摇杆，所以不能用电机带动，只能用手动方式观察其运动，若要电机带动，则可按图 7.26 所示方式串联一个曲柄摇杆机构。

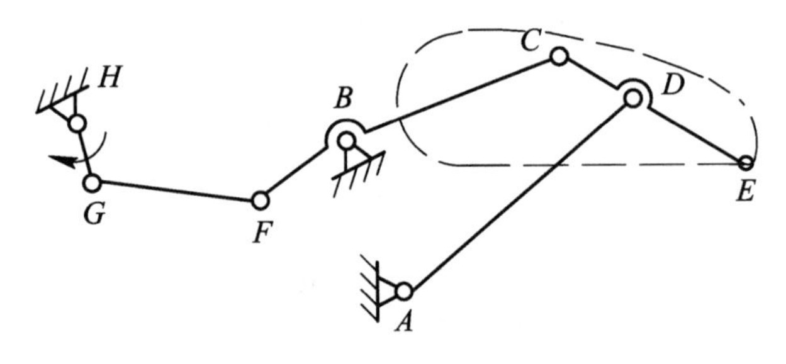


图 7.26　铰链四杆机构

### 7. 冲压送料机构

1) 结构说明

如图 7.27 所示，1-2-3-4-5-9 组成导杆摇杆滑块冲压机构，由 1-8-7-6-9 组成齿轮凸轮送料机构。冲压机构是在导杆机构的基础上，串联一个摇杆滑块机构组合而成的。

2) 工作特点

导杆机构按给定的行程速度变化系数设计，它和摇杆滑块机构组合可达到工作段近于匀速的要求，适当选择导路位置，可使工作段压力角 $\alpha$ 较小。在工程设计中，按机构运动循环图确定凸轮工作角和从动件运动规律，则机构可在预定时间将工件送至待加工位置。

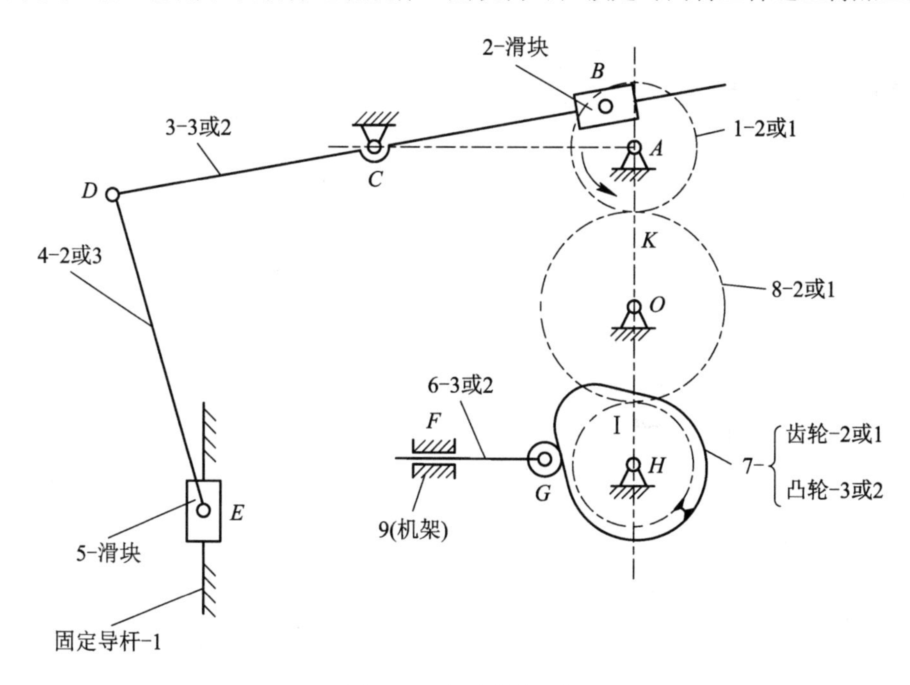


图 7.27　冲压送料机构

## 8. 铸锭送料机构

1) 结构说明

如图 7.28 所示，滑块为主动件，通过连杆 2 驱动双摇杆 *ABCD*，将从加热炉出料的铸锭(工件)送到下一工序。

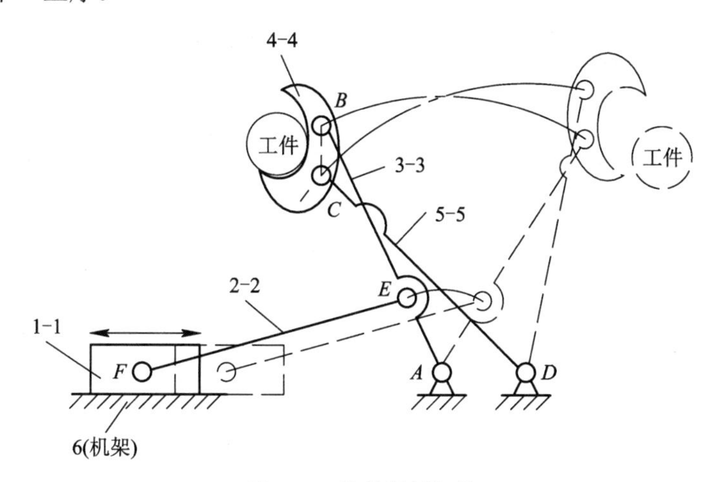


图 7.28　铸锭送料机构

2) 工作特点

图 7.28 中粗实线为铸锭进入装料器 4 中，装料器 4 即为双摇杆机构 *ABCD* 中的连杆 *BC*，当机构运动到虚线位置时，装料器 4 翻转 180°，把铸锭卸放到下一工序的位置，主动

滑块的位移量应控制在避免出现该机构运动死点(摇杆与连杆共线时)的范围内。

3) 应用举例

该机构常用于加热炉出料设备、加工机械的上料设备等。

### 9. 插床的插削机构

1) 结构说明

如图7.29所示，在*ABC*摆动导杆机构的摆杆*BC*反向延长线的*D*点上加由连杆4和滑块5组成的二级杆组，成为六杆机构，在滑块5固接插刀，该机构可作为插床的插削机构。

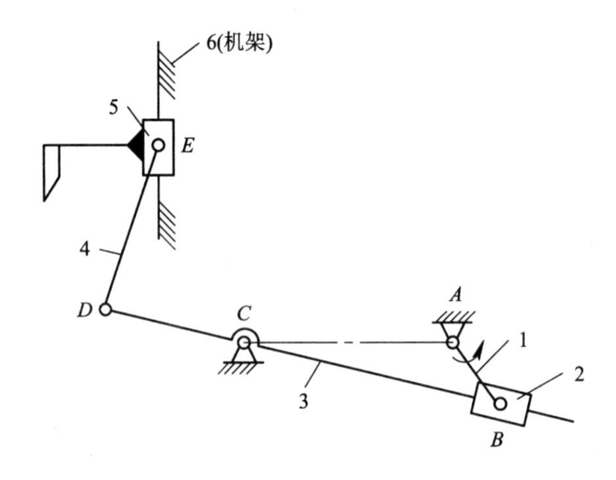


图7.29　插床的插削机构

2) 工作特点

主动曲柄*AB*匀速转动，滑块5在垂直*AC*的导路上往复移动，具有急回特性，改变*ED*连杆的长度，滑块5可获得不同的规律。

### 10. 插齿机主传动机构

1) 结构说明及工作特点

图7.30所示为多杆机构,可使它既具有空回行程的急回特性,又具有工作行程的等时性。

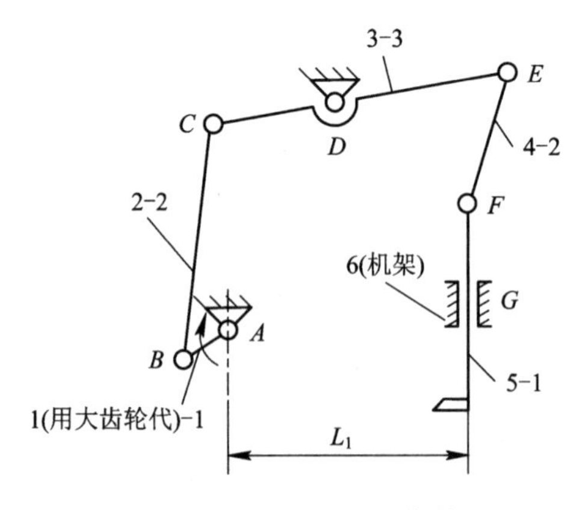


图7.30　插齿机主传动机构

2) 应用举例

该机构是一个六杆机构，应用于插齿机的主传机构。利用此六杆机构可使插刀在工作行程中得到近于等速运动。

### 11. 刨床导杆机构

如图 7.31 所示，牛头刨头的动力是由电机经皮带、齿轮传动使曲柄 1 绕轴 $A$ 回转，再经滑块 2、导杆 3、连杆 4 带动装有刨刀的滑枕 5 沿机架 6 的导轨槽作往复直线运动，从而完成刨削工作。显然，导杆 3 为三副构件，其余为二副构件。

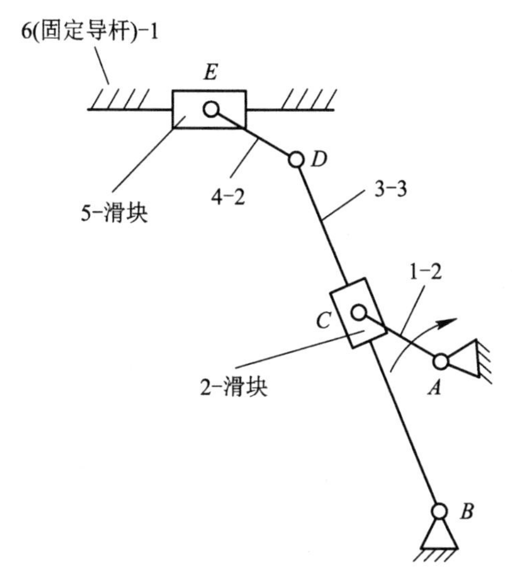


图 7.31　刨床导杆机构

### 12. 碎矿机机构

如图 7.32 所示，简易碎矿机中的四杆机构为曲柄摇杆四杆机构。

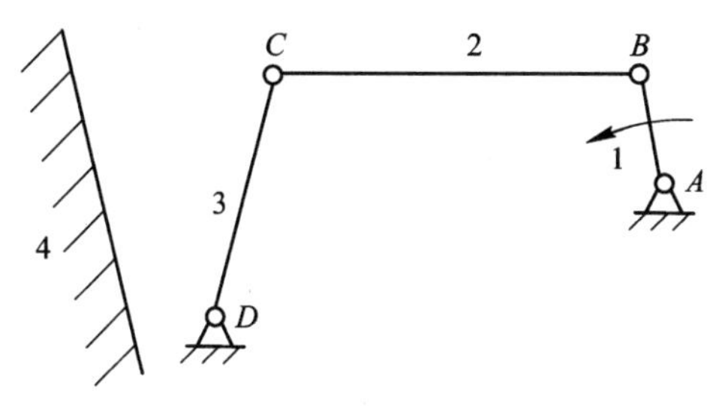


图 7.32　简易碎矿机

### 13. 曲柄增力机构

如图 7.33 所示，当 $BC$ 杆受力 $F$，$CD$ 杆受力 $P$，则滑块产生的压力：

$$Q = \frac{FL\cos\alpha}{S} \tag{7.1}$$

由式(7.1)可知，减小 $\alpha$ 和 $S$ 与增大 $L$，均能增大增力倍数。因此设计时，可根据需要的增力倍数决定 $\alpha$ 和 $S$ 与 $L$，即决定滑块的加力位置，再根据加力位置决定 $A$ 点位置和有关的构件长度。

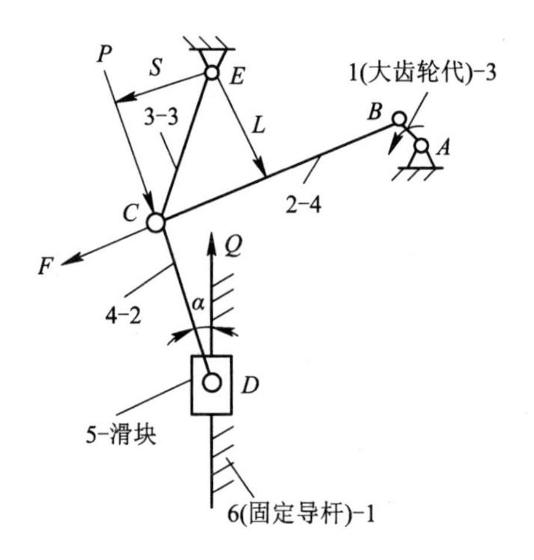


图 7.33　曲柄增力机构

### 14. 曲柄滑块机构与齿轮齿条机构的组合

1) 结构说明

图 7.34(a)所示为齿轮齿条行程倍增传动，由固定齿条 5、移动齿条 4 和动轴齿轮 3 组成。传动原理为当主动件动轴齿轮 3 的轴线向右移动时，通过动轴齿轮 3 与齿条 5 啮合，使齿轮 3 在向右移动的同时，又作顺时针方向转动，因此动轴齿轮 3 作转动和移动的复合运动。与此同时，通过动轴齿轮 3 与移动齿条 4 啮合，带动移动齿条 4 向右移动。设动轴齿轮 3 的行程为 $S_1$，移动齿条 4 的行程为 $S$，则有 $S = 2S_1$。

图 7.34(b)所示机构由齿轮齿条倍增传动与对心曲柄滑块机构串联组成，用来实现大行程 $S$。如果应用对心曲柄滑块机构实现行程放大，以要求保持机构受力状态良好，即传动压力角较小，可应用行程分解变换原理，将给定的曲柄滑块机构的大行程 $S$ 分解成两部分，即为：$S = S_1 + S_2$，按行程 $S_1$ 设计对主曲柄滑块机构，按行程 $S_2$ 设计附加机构，机构的总行程为 $S = S_1 + S_2$。

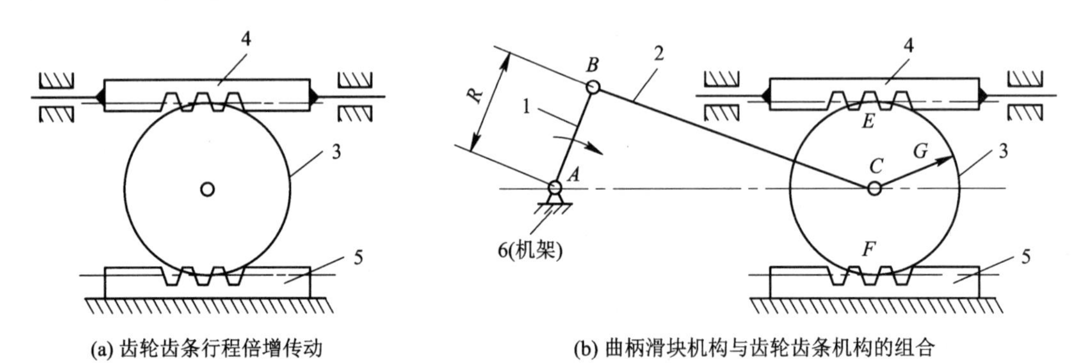


(a) 齿轮齿条行程倍增传动　(b) 曲柄滑块机构与齿轮齿条机构的组合

图 7.34　曲柄滑块机构与齿轮齿条机构的组合

2) 工作特点

此组合机构最重要的特点是上齿条的行程比齿轮 3 的铰接中心点 $C$ 的行程大。此外，上齿条作往复直线运动且具有急回特性。当主动件曲柄 1 转动时，齿轮 3 沿固定齿条 5 往复滚动，同时带动齿条 4 作往复移动，齿条 4 的行程 $S = S_1 + S_2 = 2R + 2R = 4R$。

3) 应用举例

该机构用于印刷机送纸机构。

参看图 7.35 所示，请考虑：若曲柄滑块机构相对齿轮 3 中心偏置，齿条 5 的行程与 $R$ 的关系是怎样的呢？齿条 5 的位移量相对齿轮 3 中心点 $C$ 的位移量又是何关系？

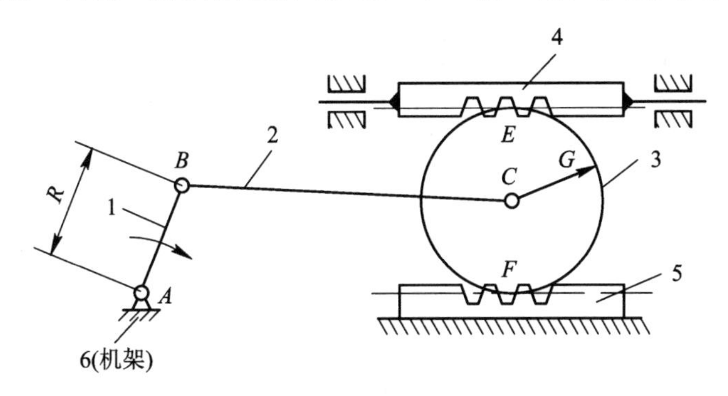


图 7.35　曲柄滑块机构相对齿轮中心偏置

在工程实际中，还可以对图 7.34(b)所示的机构进行变通。如齿轮 3 改用节圆半径分别为 $r_3$、$r_3'$ 的双联齿轮 3、3′，并以 3′和 5 啮合，则齿条 5 的行程为 $H=2\left(1+\frac{r_3'}{r_3}\right)R$，当 $r_3'>r_3$ 时，$H>4R$。

**15. 曲柄摇杆机构**

1) 结构说明

图 7.36 所示为曲柄摇杆机构。当机构尺寸满足下列条件时：

$$\begin{cases} BC = CD = CM = 2.5AB \\ AD = 2AB \end{cases} \tag{7.2}$$

曲柄 1 绕 $A$ 点沿着 $a$-$d$-$b$ 转动半周时，连杆 2 上 $M$ 点轨迹为近似直线 $a_1$-$d_1$-$b_1$。

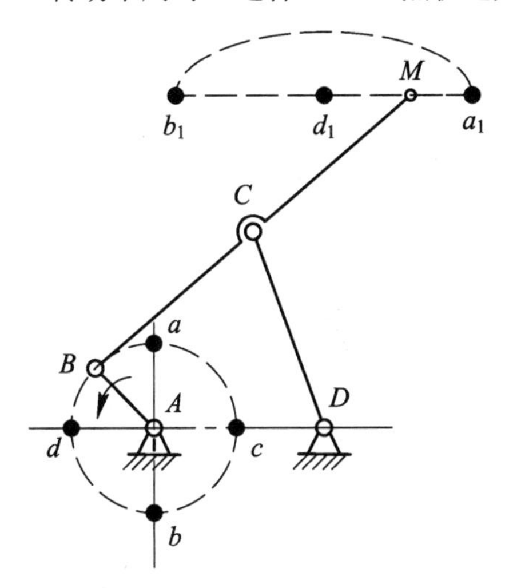


图 7.36　曲柄摇杆机构

2) 应用举例

利用连杆上 $M$ 点近似直线段，可应用于搬运货物的输送机及电影放映机的抓片机构等。

### 16. 四杆机构

1) 结构说明

图 7.37 所示为四杆机构。当机构尺寸满足下列条件时：

$$\begin{cases} CD = BC = CM = 1 \\ AB = 0.136 \\ AD = 1.41 \end{cases} \tag{7.3}$$

构件 1 绕 $A$ 点顺时针方向转动时，构件 2 上 $M$ 点以逆时针方向转动，其轨迹为近似圆形。

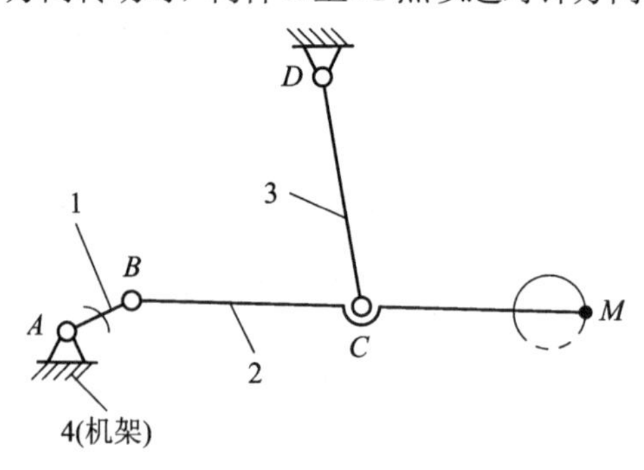


图 7.37　四杆机构

2) 应用举例

四杆结构中 $M$ 点近似圆轨迹可以用于搅拌机的机构中。

### 17. 曲柄滑块机构

1) 结构说明

图 7.38 所示为曲柄滑块机构。当机构尺寸满足下列条件时：

$$AB = BC = BF \tag{7.4}$$

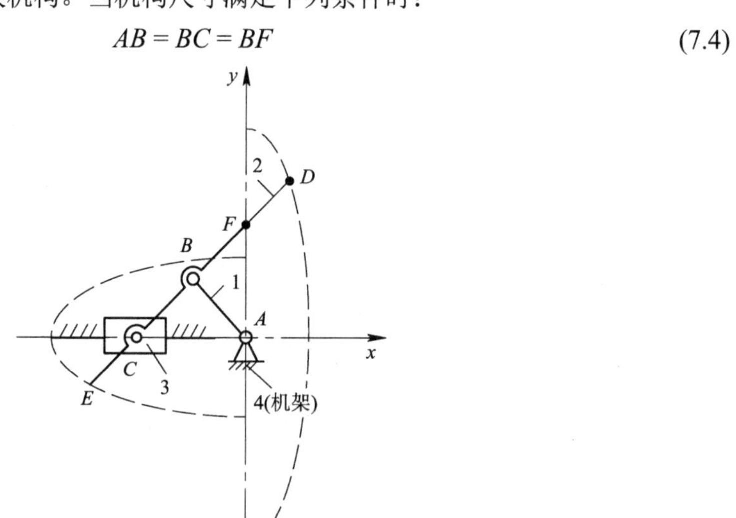


图 7.38　曲柄滑块机构

构件 1 绕 $A$ 点转动，构件 2 上 $F$ 点沿 $Ay$ 轴运动，$D$ 点和 $E$ 点轨迹为椭圆，其方程为

$$\begin{cases} \dfrac{x^2}{FD^2}+\dfrac{y^2}{CD^2}=1 \\ \dfrac{x^2}{FE^2}+\dfrac{y^2}{CE^2}=1 \end{cases} \tag{7.5}$$

2) 应用举例

应用该机构可制作画椭圆的仪器。

# 实验八　轮系设计及其运动特性实验

## 一、实验预习

(1) 什么是轮系？轮系的分类有哪些？轮系的组成结构和运动原理是什么？

(2) 轮系的设计原理是什么？如何确定轮系中各轮的齿数和布置方案？

(3) 各类轮系传动比的计算和方向的确定方法有哪些？

## 二、实验目的

齿轮轮系是机械传动的重要组成部分，起着传递运动和动力的重要作用。根据设计要求设计轮系传动方案，并在实验台上组装出相应的轮系类型并进行检测，对掌握教材相关内容、培养学生的综合设计能力及工程实践能力具有重要作用。本实验的目的如下：

(1) 了解轮系的类型、组成结构及运动特性，特别是周转轮系中各构件的相对运动原理。

(2) 掌握轮系构型的设计方法，理解轮系设计中应注意的基本问题(包括类型的选择、齿数的确定和布置)，能够结合工程背景正确设计和组装各种轮系。

(3) 通过轮系的设计和拼装，实现轮系从原理方案到具体结构的转换，了解轮系各构件间的装配关系，培养学生的结构设计能力。

(4) 掌握各种轮系传动比的计算方法，特别是周转轮系传动比的计算方法。

(5) 了解齿轮转速测试的基本原理、方法和装置。

(6) 加强学生的工程实践训练，培养学生的创新思维能力、观察分析能力、综合设计能力和实践动手能力。

## 三、实验设备与工具

实验台由搭接平台、测速装置和备用零件库组成，可在该搭接平台上，在基本结构保持不变的情况下，利用零件库中的备用零件在搭接区搭接出 2K-H 型周转轮系、定轴轮系、混合轮系等各种轮系类型，同时实现轮系输入、输出轴转速的实时测量和传动比的测算。

(1) 搭接平台为轮系的搭接提供了基础结构，由机柜、底板、输入电机、电机支架、轴承座、输入/输出齿轮、输入/输出轴等零部件组成。机柜采用小车式可移动结构，机柜底面装有万向轮和支撑脚，万向轮用于实验台短距离的换位，支撑脚用于实验台定位后的固定和调整。底板固定在机柜上表面，底板上开设有 T 形槽。两台调速电机安装在各自的电机支架上，电机支架可沿 T 形槽移动，从而实现电机位置的调整。电机轴上安装有电机齿轮，可通过与轮系输入轴上具有相同齿数的齿轮的啮合实现运动的输入。轮系输入/输出轴由轴承座支撑，轴承座可沿 T 形槽移动，从而实现轮系输入/输出轴位置的调整。

(2) 测速装置可以对轮系的输入和输出转速进行实时测量，由齿轮转速传感器、固定支架、电机调速器和数显转速表组成。电机调速器安装在机柜的控制面板上，通过调节旋钮可实时调整电机的输入转速。转速传感器固定在安装支架上，正对齿轮齿面安装，采用电磁感应原理采集齿轮旋转的脉冲数，并通过信号线将其发送至数显转速表。转速表安装在机柜的控制面板上，测速前可按照所测齿轮的齿数进行脉冲当量的设置，从而实现齿轮转速的实时显示。

(3) 备用零件库为轮系的搭接提供各种零部件，包括轴类零件、齿轮类零件、行星架、连接件、轴套挡圈类零件及各种标准件等，各类零件分类放在零件盒中。

(4) 实验台还提供了各种拆装工具，包括螺丝刀、扳手、尖嘴钳和木榧等。

图 8.1 所示为轮系实验台简图。

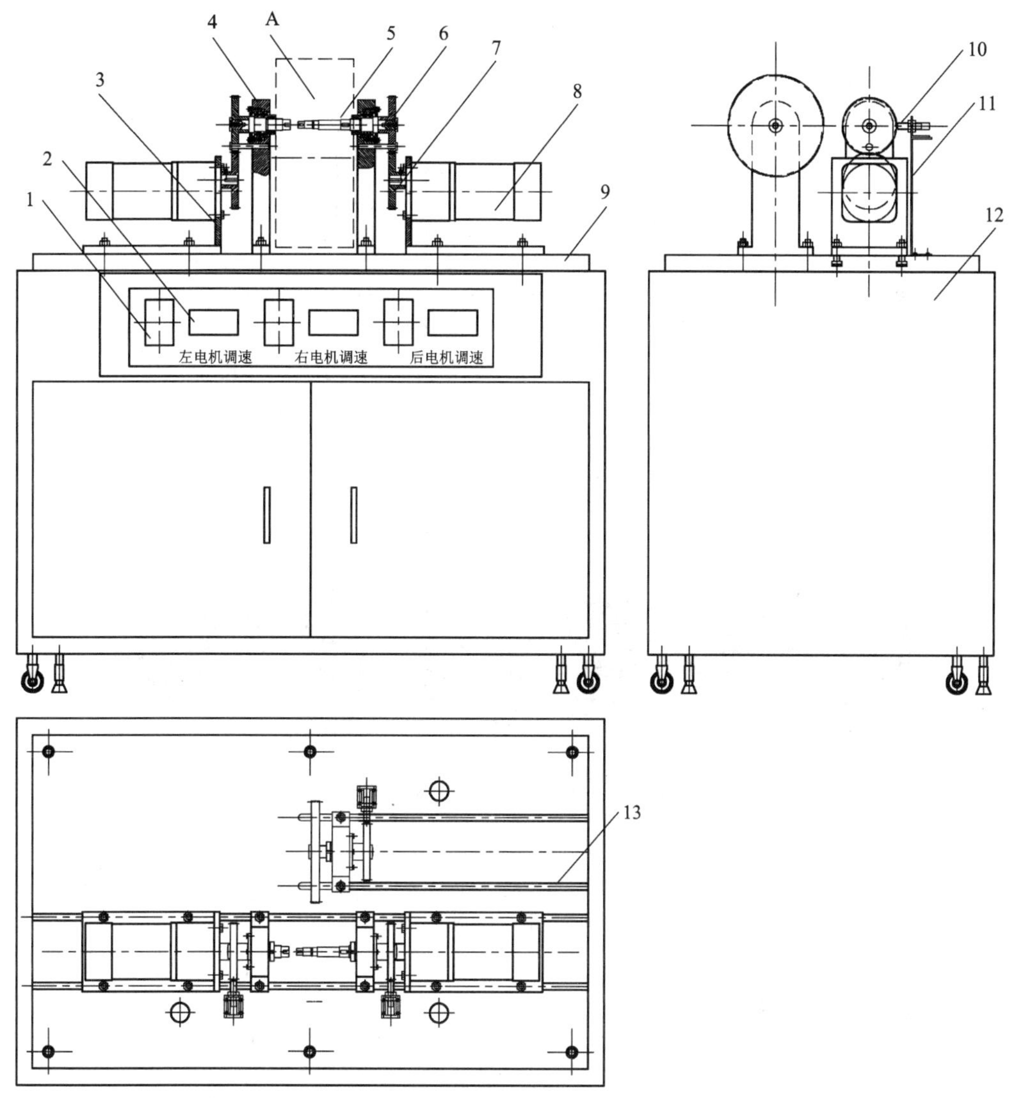


1—调速器；2—数显转速表；3—电机支架；4—轴承座；5—输入/输出轴；6—输入/输出轴齿轮；7—电机齿轮；8—调速电机；9—底板；10—传感器；11—传感器支架；12—柜体；13—T形槽；A—轮系搭接区

图 8.1　轮系实验台简图

## 四、实验台的特点和技术参数

### 1. 实验台的特点

(1) 实验台由基础平台和检测部分组成。基础平台安装在机柜上，如图 8.2 所示。实验台的开放性好，预留有搭接区域，所有搭接和检测部件均置于同一台面上。

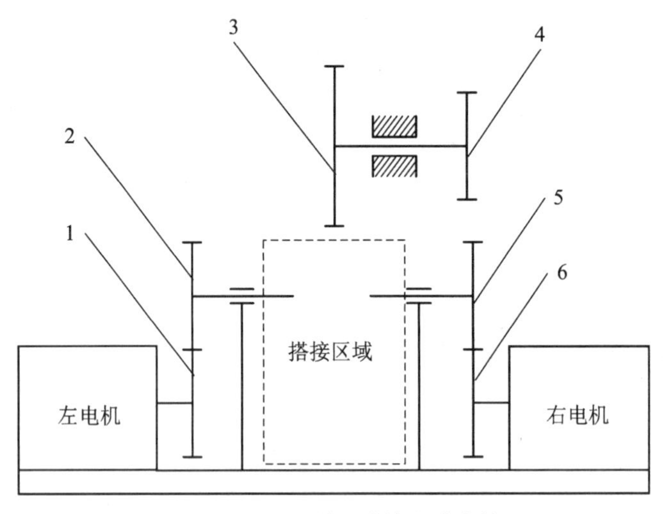


1, 2, 3, 4, 5, 6—输入或输出端齿轮

图 8.2　基础平台简图($Z_1 = Z_2 = Z_4 = Z_5 = Z_6 = 50$，$Z_3 = 90$)

(2) 轮系运动的输入由两台电机提供，电机转速可调，转速调节旋钮安装在控制面板上，测速传感器可对输入/输出转速实时检测，数显转速表安装在控制面板(如图 8.3 所示)上，可通过调节脉冲当量实现齿轮转速的实时显示。

图 8.3　控制面板

(3) 电机调速器为百分比调速，即通过调节最大转速的百分比来调整实际转速。例如：最大转速 300 r/min，调节旋钮百分比 = 30%，则实际输出转速 = 90 r/min。

(4) 电机、轴承座及输入/输出轴在实验前已安装并固定在台面上，电机及输入/输出轴的位置可通过调整 T 形槽螺栓的位置进行调节或移动。

(5) 三个测速传感器固定在支架上，支架固定在台面上，传感器支架的位置不可调整，如图 8.4 所示。

(6) 输入齿轮上均开有销孔。在搭接轮系过程中，若某一输入运动需要锁止，采用锁止销将其插入输入轮和轴承座销孔中，即可将输入轮固定，如图 8.5 所示。

(7) 实验台各构件搭接灵活，零部件通用性，互换性好，便于学生进行实验操作。

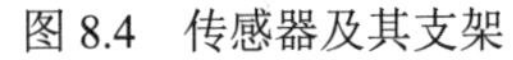

图 8.4　传感器及其支架

图 8.5　锁止销

**2. 实验台的主要技术参数**

(1) 实验台的外形尺寸：1110 mm × 660 mm × 1115 mm(长 × 宽 × 高)。

(2) 调速电机的功率：250 W(交流 220 V，转速为 0～300 r/min)。

(3) 转速传感器：M12 × 1 × 60 mm，检测距离为 2 mm，电压为直流 6～30 V，NPN 输出，由稳压电源供电。

(4) 数显转速表：脉冲当量设定为 1.2。

(5) 齿轮模数：2。

(6) 电源：220 V 交流/50 Hz。

(7) 拼接机构的运动方式：手动、电机带动。

## 五、实验原理

**1. 基本原理**

齿轮轮系实验台是一款集轮系设计、自由搭接、转速检测于一体的综合性实验台。实验台由搭接平台、测速装置和备用零件库组成。搭接平台为轮系的组装提供了基础平台，备用零件库为轮系的组装提供了各种零件，测速装置可以对轮系的输入/输出转速进行检测。首先按照给定的设计题目，利用零件库清单中提供的各种零件自行设计新的轮系类型，画出轮系构型简图，并计算理论传动比和自由度。然后，在该搭接平台上，在基本结构保持不变的情况下，按照轮系的机构简图，利用零件库中的备用零件在搭接区内搭接出 2K-H 型周转轮系、定轴轮系、混合轮系等各种轮系类型，同时进行轮系输入/输出轴转速的实时测量，得到轮系的实际传动比，通过与理论传动比的对比，实现传动比误差的测算，从而将轮系的设计、自由搭接与传动比的测算结合在一起。

**2. 基本功能**

该实验台为多功能模块化实验台，搭接平台提供了开放式基础平台，备用零件库提供了各种搭接零件，零件的通用性和互换性好，可以在该实验台上利用为数不多的通用零件，实现 2K-H 型差动轮系、行星轮系、定轴轮系及混合轮系等各种轮系的自由搭接和输入/输出轴转速的实时测量和传动比测算，从而实现一机多用。

通过改变运动的输入/输出或加锁止销等方式，实现差动轮系、行星轮系和定轴轮系的相互转化，从而组装出多种类型的轮系。

可搭接的轮系类型如下：

- 2K-H 型行星轮系 16 种。
- 2K-H 型差动轮系 12 种。
- 定轴轮系 8 种。
- 复合轮系 8 种。

齿轮轮系实验台偏重轮系的分类、设计、分析与运用，是引导学生进行积极思维、创新设计，培养学生综合设计能力和实践动手能力而研制的一款新型的创新设计搭接综合实验台。

## 六、实验方法与步骤

(1) 参观轮系陈列柜，了解轮系的各种类型、组成结构及运动特性，特别是周转轮系中各构件的相对运动原理。(课外进行)

(2) 自学教材中“轮系的设计”的相关内容，了解轮系构型的设计方法，理解轮系设计中应注意的基本问题(包括类型的选择、齿数的确定和布置)。(课外进行)

(3) 分析设计题目，构思所设计轮系，利用零件库中的零件完成轮系的设计，画出轮系机构运动简图，并在图中标出各轮齿数及输入/输出件。(课外进行)

(4) 计算所设计轮系的自由度和理论传动比，若为差动轮系，列出输入和输出转速间的关系式。(课外进行)

(5) 熟悉本实验中的实验设备组成及功能，零件库中零部件的功用和安装、拆卸工具。(课内进行)

(6) 在实验台上，利用所提供的各种零件，按所设计的轮系方案进行轮系组装。

注意：组装时，轴上的齿轮要保证定位可靠，周向定位可采用各种键或紧定螺钉，轴向定位采用轴肩、顶丝、轴套或轴端挡圈。其中，轴端挡圈用于轴端齿轮的固定，安装时需要用螺钉把挡圈固定在轴的端面上。

(7) 轮系组装好后，先手动检查轮系的运动情况，至少在一个运动周期内能够正常运动，否则应重新调整。

(8) 一般情况下，手动满足设计要求即可。若要实现电机拖动，需经指导老师检查同意后，才可通电启动电机。

注意：首先检查电机的转速旋钮是否归零，否则在将所有电机转速调零后，再打开实验台的总开关、电机开关，并由零开始顺时针缓慢加速，建议最大转速不超过 100 r/min。

(9) 启动电机后，完成轮系转速的测定，记录输入/输出转速。注意观察各构件的相对运动关系，特别是转向之间的关系，根据测定的有关转速计算出理论传动比，并记录有关数据。

(10) 若搭接轮系为周转轮系，则安装完后通过安装锁止销将其转化为定轴轮系。

(11) 完成实验后，将电机转速归零，关闭电机开关、实验台总开关，并将轮系拆卸，将所有零件分类放入零件盒中，经老师检查后方可离开。

## 七、实验内容与要求

### 1. 实验内容

在课外按照给定设计题目，利用零件库中提供的零件自行设计新的轮系类型，画出机构简图，并计算自由度和理论传动比；在课内按照轮系的机构简图在实验台架上自由组装所设计的轮系，通过测量轮系的输入转速、输出转速，得到轮系的实际传动比，并与理论传动比进行比较，计算误差率。

### 2. 实验要求

(1) 了解轮系的组成、结构、分类和应用，按照设计题目，确定满足要求的轮系的种类、原理和组成结构，画出轮系运动简图，并分析轮系的运动情况，达到设计要求。

(2) 理解周转轮系设计中应注意的基本问题，包括类型的选择、配置方案与齿数的确定等。

(3) 按照所设计的轮系机构简图，在实验台上采用正确的方法和工具，自由组装所设计的轮系，要求轴上各回转零件定位可靠，保证各啮合齿轮充分啮合，并通过在不同位置安装锁止销，实现定轴轮系、行星轮系、差动轮系的转换。

(4) 结合教材有关内容和所设计轮系的机构简图，认真观察所组装轮系的基本组成结构及运动特性，了解轮系的运动规律及相对运动原理。

(5) 分别测定各种轮系中有关构件的运动参数(主要测定转速)，计算出各种轮系的传动比，验证各种轮系传动比的计算方法。

(6) 相对而言，定轴轮系中各构件的相对运动关系及传动比计算比较简单，能够直观理解，而周转轮系利用反转法和相对运动原理才能得出构件间的传动比或转速关系，较难理解，因此在实验中一定要让学生自己动手做实验，通过观察实验过程获得直接的视觉印象，以获得感性认识，再结合实验所测的数据自己验证周转轮系的相对运动原理及传动比的计算方法，从而达到透彻理解轮系机构运动的内涵，真正掌握教材中大纲要求的内容。

## 八、实验注意事项

(1) 听从指导教师的安排，安全文明地进行实验。

(2) 在零部件拆装过程中遵守规程，不蛮力装拆。

(3) 调试运转时先手动调试，经指导老师检查同意后，才可通电启动电机。

(4) 启动前一定要仔细检查各零件安装是否到位，定位是否可靠，电机转速旋钮是否归零。在将所有电机转速调零后，再打开实验台总开关、电机开关，并由零开始缓慢顺时针调节调速器旋钮使电机启动，确保没有问题后，再根据机构的需要缓慢加速到合适的转速，建议最大转速不超过 100 r/min。

(5) 启动电机时注意安装锁止销一侧的电机切勿启动，否则，电机可能因过载而被损坏。

(6) 启动电机后不要过于靠近运动零件，严禁伸手触摸运动零件。

(7) 同一小组中指定一人负责电机开关，遇紧急情况时立即关闭总电源停车。

(8) 拆卸轮系时，务必将所有锁止销拔出并放回零件盒中。

## 一、实验预习

(1) 刚性转子静平衡和动平衡的定义是什么?
(2) 哪种构件需要进行动平衡?平衡基面如何选择?
(3) 刚性转子动平衡的条件是什么?
(4) 动平衡的理论计算是如何进行的?

## 二、实验目的

机械平衡的目的是将构件不平衡的惯性力或惯性力矩加以平衡，消除或尽量减小惯性力或惯性力矩的不良影响，改善机械的工作性能，延长机械的使用寿命。机械平衡问题在设计高速、重型及精密机械时具有特别重要的意义。通过本实验，学生可了解和掌握如下内容：

(1) 刚性回转体动平衡理论与方法。
(2) 用动平衡实验机进行刚性回转体动平衡的原理和方法。
(3) 平衡精度的基本概念。

## 三、实验设备与工具

(1) 动平衡机(DH16QF 型)。
(2) 多种外形结构的实验转子。
(3) 平衡质量(各种规格的磁钢块、橡皮泥、螺钉螺母及垫片)。
(4) 普通天平。

## 四、实验原理

### 1. 动平衡的原理

对于轴向尺寸较大的转子(转子轴向尺寸 $b$ 与其直径 $D$ 之比 $b/D>0.2$)，如内燃机曲轴、电机转子和机床主轴等，其偏心质量往往分布在若干个不同的回转平面内。即使转子的质心在回转轴线上，但由于各偏心质量所产生的离心惯性力不在同一回转平面内，因而会形成惯性力偶。该惯性力偶的方向会随转子的回转而变化，故引起机器设备的振动。对转子进行动平衡，就是要求其各偏心质量产生的惯性力和惯性力偶同时得到平衡。

转子动平衡的条件是各偏心质量(包括平衡质量)产生的惯性力的矢量和$\sum \boldsymbol{F}=\boldsymbol{0}$以及这些惯性力所构成的力矩矢量和$\sum \boldsymbol{M}=\boldsymbol{0}$。惯性力的分解如图9.1所示。

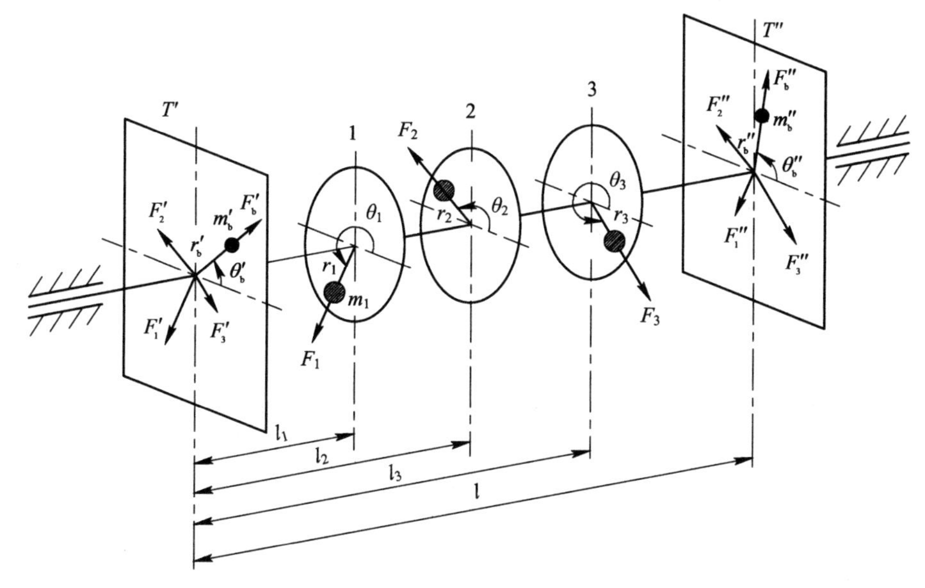


图9.1　惯性力的分解

为了使转子获得动平衡，必须选定两个回转平面作为平衡基面1和2，将各离心惯性力分解到选定的平衡基面内。由理论力学可知，力$F_i$可以分解为与其平行的两个分力$F_i'$和$F_i''$，如图9.1所示，其大小分别为

$$F_i' = \frac{F_i(l-l_i)}{l} \tag{9.1}$$

$$F_i''=\frac{F_i l_i}{l} \tag{9.2}$$

只要在平衡基面1和2内适当地各加一平衡质量$m_{b1}$和$m_{b2}$，使两平衡基面内的惯性力之和分别为零，那么转子就可以达到动平衡。

### 2. 转子的许用不平衡量

经过动平衡的转子，不可避免地残存一些不平衡质量。要追求过高的平衡精度，需要付出很大的代价。因此，通常根据转子的工作要求，对转子规定适当的许用不平衡量。转子的许用不平衡量有两种表示方法，即用质径积表示和偏心距表示。对于给定的转子，用质径积表示较好，也便于操作。

### 3. 动平衡机

#### 1) 动平衡机的工作原理

动平衡机是测定旋转体不平衡量的机器，按其测量结果对旋转体进行校正，以改善旋转体的质量分布，使旋转体运转时支承的动载荷(自由离心力)减小到规定的范围内。旋转体支承在摆架上，借助传动机构使旋转体旋转。由于旋转体有不平衡量存在，因此会产生离心力，引起摆架产生振动，其振动的频率就是零件的不平衡量的振动频率。左右振动传感器将两个校正面不平衡量的振动信号转换成电信号输入电测系统，光电传感器则为系统提供一个频率、相位基准信号，经电测系统对信号进行分析和处理，显示出不平衡量的大小和相位。

2) 动平衡机的结构

动平衡机的结构简图如图 9.2 所示，实物图如图 9.3 所示。

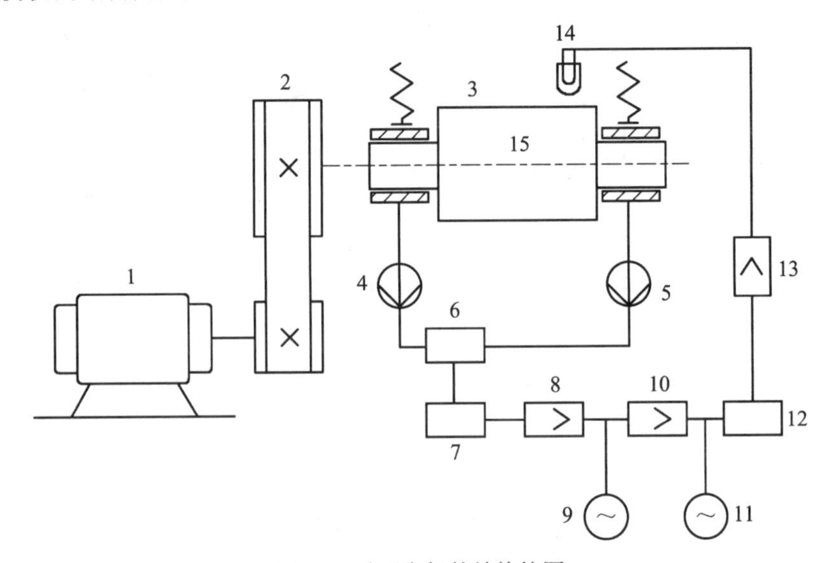


图 9.2　动平衡机的结构简图

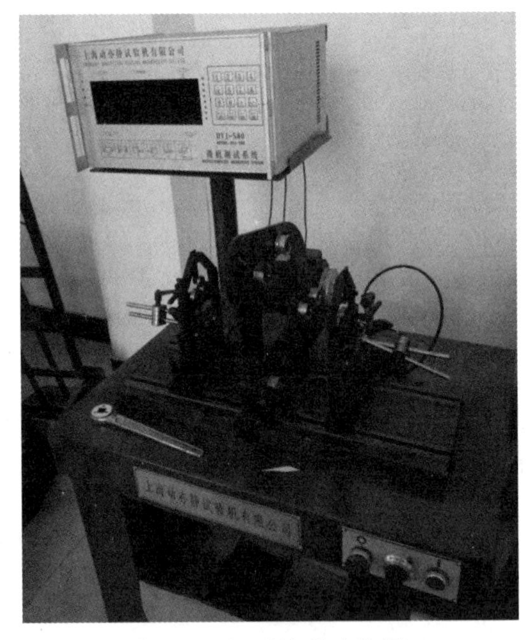

图 9.3　动平衡机的实物图

在测量时，转子 3 放置在弹性支撑上，由电动机 1 通过带传动装置 2 带动转子 3 转动，转子上的偏心质量使弹性支撑发生振动，传感器 4 和 5 将振动转变为两路电信号，两路电信号同时传递到解算电路 6，该电路对这两路信号进行处理以消除两平衡基面之间的相互影响。用选择开关 7 选择平衡基面，再经选频放大器 8 将信号放大，由显示仪表 9 显示出该平衡基面上的不平衡质径积的大小。放大后的信号又经过整形放大器 10 转变为脉冲信号并被送往鉴相器 12。鉴相器 12 同时接收来自光电头 14 和整形放大器 13 的基准信号，基准信号与转子上的反光标记 15 相对应。鉴相器输出的相位差由显示仪表 11 显示，以反光标记 15 为基准就可以确定偏心质量的相位。

3) 转子的形状与支撑方式的选择

传感器安装在固定的支撑平面内，而不同形状的转子有不同的校正平面。因此，有必要利用静力学原理把支撑平面处测量到的不平衡力换算到所选择的两个校正平面上去。转子的形状和支撑方式如图 9.4 所示。

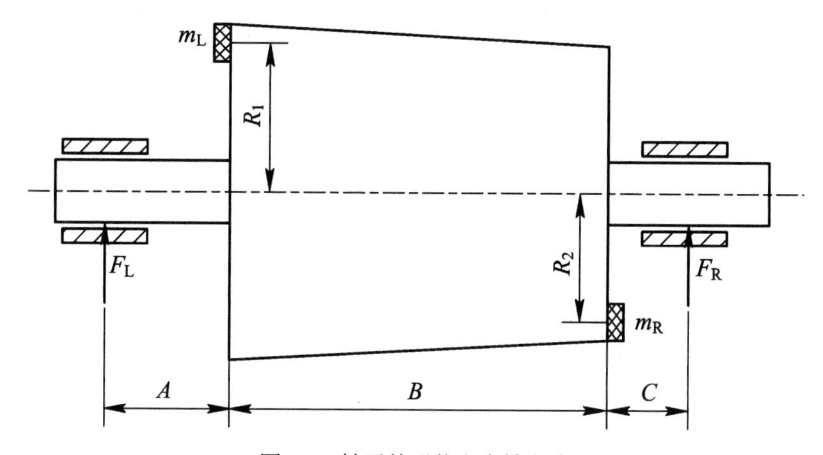


图 9.4　转子的形状和支撑方式

按静力学原理可得

$$F_{\mathrm{L}} + F_{\mathrm{R}} - F_{\mathrm{IR}} - F_{\mathrm{IL}} = 0 \tag{9.3}$$

$$F_{\mathrm{L}} A + F_{\mathrm{IR}} B - F_{\mathrm{R}}(B + C) = 0 \tag{9.4}$$

式中：$F_{\mathrm{L}}$、$F_{\mathrm{R}}$——左右支撑处的支撑反力；

$F_{\mathrm{IL}}$、$F_{\mathrm{IR}}$——离心惯性力，$F_{\mathrm{IL}} = m_{\mathrm{L}}\omega^2 R_1$，$F_{\mathrm{IR}} = m_{\mathrm{R}}\omega^2 R_2$；

$m_{\mathrm{L}}$、$m_{\mathrm{R}}$——左右两个校正平面上的不平衡质量。

由式(9.1)和式(9.2)可得

$$m_{\mathrm{R}} = \frac{1}{R_2\omega^2}\left[\left(1 + \frac{C}{B}\right)F_{\mathrm{R}} - \frac{AF_{\mathrm{L}}}{B}\right] \tag{9.5}$$

$$m_{\mathrm{L}} = \frac{1}{R_1\omega^2}\left[\left(1 + \frac{A}{B}\right)F_{\mathrm{L}} - \frac{CF_{\mathrm{R}}}{B}\right] \tag{9.6}$$

当转子的几何参数 $A$、$B$、$C$、$R_1$、$R_2$ 和平衡角速度 $\omega$ 被确定以后，校正平面上应加的平衡质量就可以直接测量出来。根据转子的不同形状，按校正平面与支撑平面之间的相对位置，有六种支撑方式选择，如表 9.1 所示。

**表 9.1　转子的支撑方式**

| 编号 | 转子的支撑方式 | 不平衡质量的计算 |
| --- | --- | --- |
| 1 | 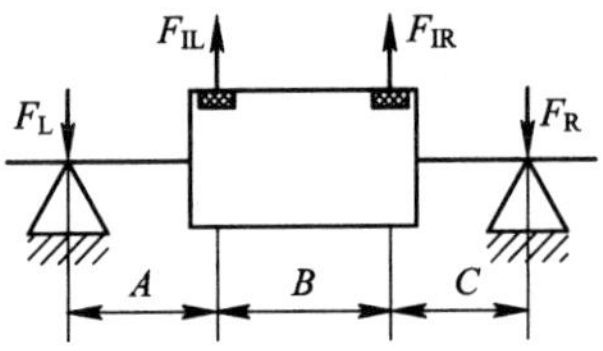 $F_{IL}$　$F_{IR}$　$F_L$　$F_R$　$A$　$B$　$C$ | $m_R=\dfrac{(1+C/B)F_R-AF_L/B}{R_2\omega^2}$<br>$m_L=\dfrac{(1+A/B)F_L-CF_R/B}{R_1\omega^2}$ |
| 2 | 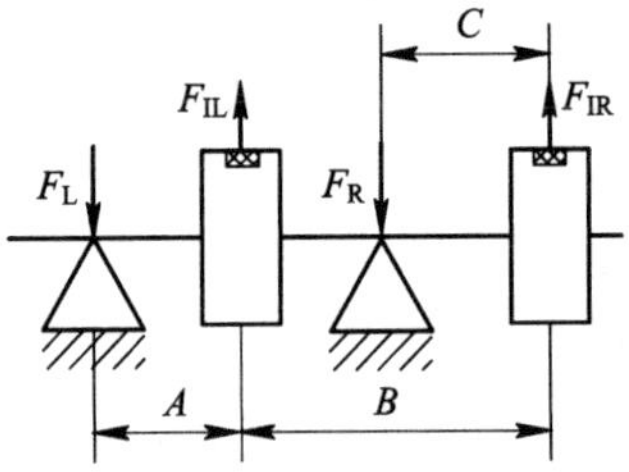 $C$　$F_{IL}$　$F_{IR}$　$F_L$　$F_R$　$A$　$B$ | $m_L=\dfrac{(1+A/B)F_L+CF_R/B}{R_1\omega^2}$<br>$m_R=\dfrac{(1-C/B)F_R-AF_L/B}{R_2\omega^2}$ |
| 3 | 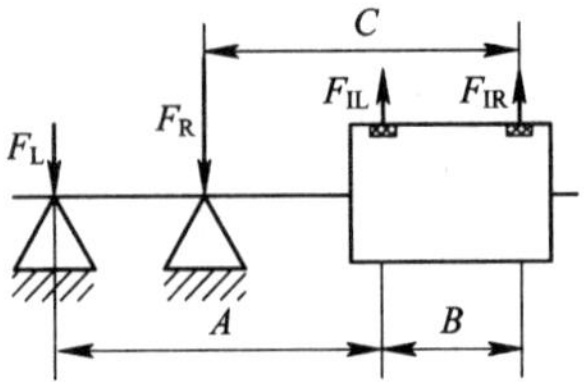 $C$　$F_{IL}$　$F_{IR}$　$F_R$　$F_L$　$A$　$B$ |  |
| 4 | 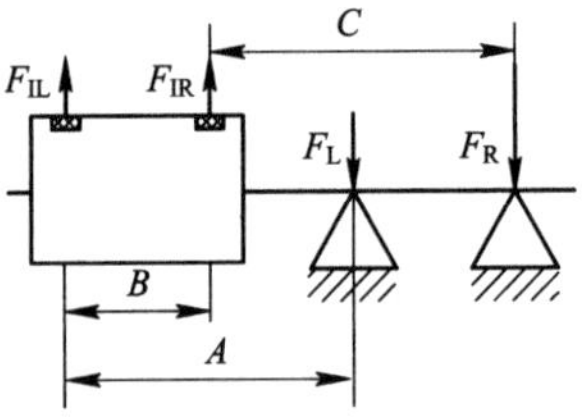 $C$　$F_{IL}$　$F_{IR}$　$F_L$　$F_R$　$B$　$A$ | $m_L=\dfrac{(1-A/B)F_L-CF_R/B}{R_1\omega^2}$<br>$m_R=\dfrac{(1+C/B)F_R+AF_L/B}{R_2\omega^2}$ |
| 5 | 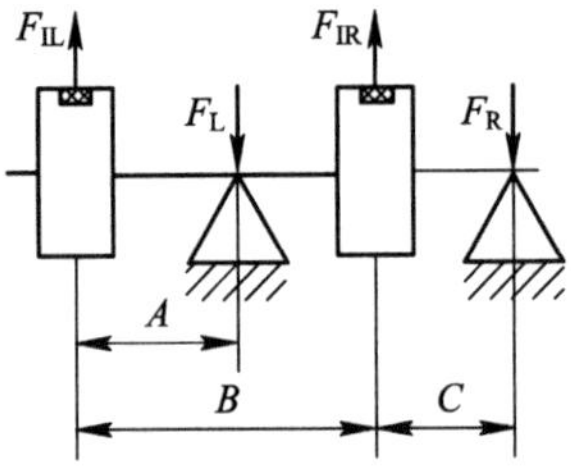 $F_{IL}$　$F_{IR}$　$F_L$　$F_R$　$A$　$B$　$C$ |  |
| 6 | 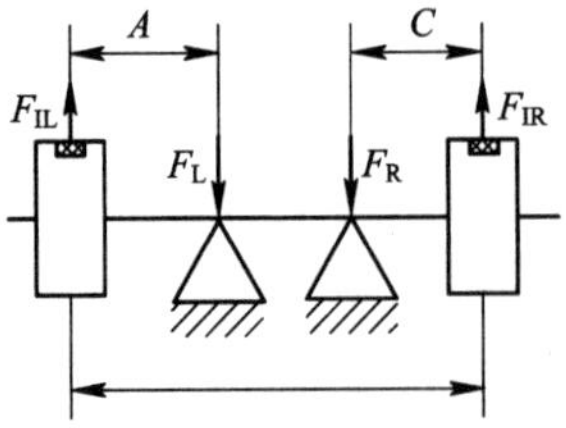 $A$　$C$　$F_{IL}$　$F_{IR}$　$F_L$　$F_R$ | $m_L=\dfrac{(1-A/B)F_L+CF_R/B}{R_1\omega^2}$<br>$m_R=\dfrac{(1-C/B)F_R+AF_L/B}{R_2\omega^2}$ |

4) 动平衡机的技术性能参数

动平衡机的技术性能参数如表 9.2 所示。

**表 9.2　动平衡机的技术性能参数**

| 项目 | 参数 |
| --- | --- |
| 工件的最大质量 | 16 kg |
| 工件的最大直径 | $\phi$360 mm |
| 工件支撑轴颈的范围 | $\phi$10～$\phi$50 mm |
| 两支撑架中心间的最小距离 | 65 mm |
| 两支撑架中心间的最大距离 | 550 mm |
| 平衡转速(拖动直径为 100 mm 时) | 400～3000 r/min(无级调速) |
| 圈带传动处的直径范围 | 10～150 mm |
| 电动机的功率 | 0.25 kW |
| 主机外形尺寸(长×宽×高) | 900 mm × 750 mm × 1610 mm |
| 电源电压 | 单相 220 V |
| 最小剩余不平衡度 | < 0.5(g · mm)/kg |
| 不平衡量的减少率 | URR > 95% |

## 五、实验方法与步骤

(1) 根据转子的形状特点，调整两支撑架之间的相对位置，调节左右两滚轮架的高度，使转子水平放置。

(2) 选择转子的支撑方式，测量 $A$、$B$、$C$ 的尺寸大小，并确定校正半径 $R_1$ 和 $R_2$。

(3) 调节好传动皮带的松紧，并在转子轴颈和支撑滚轮上添加少许润滑油。

(4) 根据转子形状，在转子恰当的位置做白色或黑色的反光标记，调节光电头与转子的距离为 30～50 mm，并使光束垂直转子轴线且对准反光标记。

(5) 根据转子质量、外径和初始不平衡量来选择转子平衡转速。

(6) 打开动平衡机的电源开关，在机器自检通过后，使机器预热 5 min。

(7) 清零后在电测箱面板上选择转子支撑方式并输入 $A$、$B$、$C$、$R_1$、$R_2$ 的数值和平衡转速的大小。

(8) 按下电机的电源开关，顺时针缓慢旋动电机的调速旋钮，使转子转速达到输入的平衡转速；

(9) 记录下电测箱显示面板上显示的配重质量和相位，再逆时针转动调速旋钮使转子停止转动。

(10) 用天平称出对应质量的橡皮泥，并加在两校正平面的相应位置上。

(11) 再次顺时针转动调速旋钮，使转子转速达到平衡转速，观察显示的配重质量是否在允许范围内，如果不是，则反复校正几次，直到显示的配重质量进入允许范围以内。

(12) 关掉电机电源，关掉动平衡机的电源，待转子停止后，取下并清理转子，实验结束。

## 六、实验内容

(1) 测量并输入转子参数，在动平衡机上测出需要配重的质量和相位。

(2) 对转子反复进行配重，直到动平衡机显示的配重质量达到规定要求。

## 七、实验注意事项

(1) 防止转子轴向运动而碰撞和损坏光电头。

(2) 光电头周围的光不能太强，以免干扰光电头正常工作。如受影响，可以调节光电头的位置，使之靠近转子以加强反射和避免面向强光。

(3) 实验过程中，放置转子时应轻拿轻放，严禁轴向移动转子。

(4) 实验过程中，注意人身安全，打开电机电源之前必须合上安全保护装置。

(5) 橡皮泥与转子应贴牢，以免转子转动过程中橡皮泥被甩掉。

# 机械设计类实验

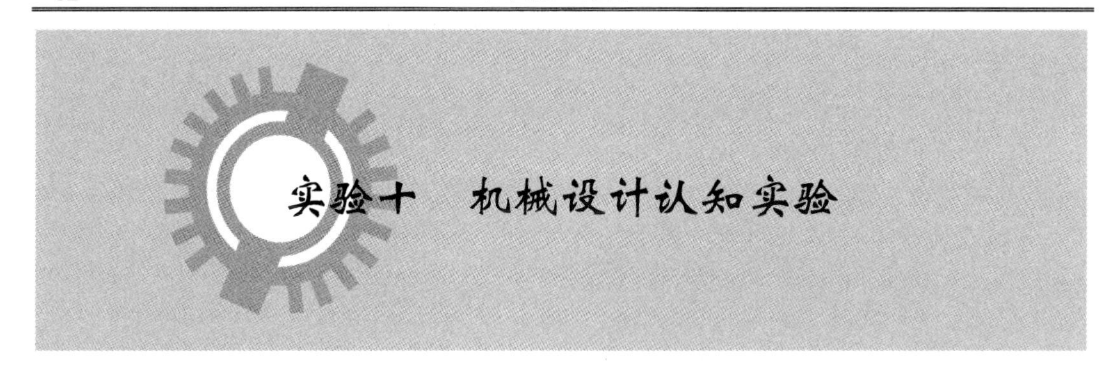

# 实验十　机械设计认知实验

## 一、实验目的

(1) 了解机器的组成原理，加深对机器总体感性认识。

(2) 了解机器的常用机构和零部件，为专业课的学习打下良好的感性认识基础。

(3) 了解机器的运动原理和分析方法，使学生对机器的感性认识上升为理性认识。

(4) 了解机器的控制方式和特点。

(5) 通过拼装各种传动组合，加深对各类机械零部件的认识，培养学生创新能力，提高学生动手能力。

## 二、实验要求

(1) 通过实验了解机器的组成和运动原理，了解机器常用机构的运动特性和常用零部件的结构特点，掌握机构运动简图的绘制方法和初步方案分析方法。

(2) 通过拼装各种类型组合的机械传动，观察各种单级传动，分析其传动原理及特点，对比分析不同组合传动的特点。

## 三、实验设备与工具

本实验的实验设备与工具包括自动塑料薄膜封口机、蜂窝煤机、饼丝机、机械结构设计陈列教学柜、颗粒灌装机、单冲压片机、摇摆式颗粒机、大豆去皮机、多功能门式压力机、机械压力机、脚踏式压力机、开式可倾压力机、土豆去皮机、花生剥壳分离机、JXBX-B便携式机械系统传动方案创新组合设计分析实验台。

上述实验台或机器主要用于结构分析、动作分析。本实验主要使用 JXBX-B 便携式机械系统传动方案创新组合设计分析实验台开展动手实验，实验台备有 68 种 150 余个自制零部件、17 种标准件及 8 种外购件，6 种 7 件拼装工具。

## 四、实验原理

利用本实验箱配备的零部件可组装数十种机械传动方案(见图 10.1～10.11)。

### 1. 单级传动

V 带传动、链传动、圆柱齿轮传动、槽轮机构、单十字万向联轴器传动等。

### 2. 变速器

手动滑动套使三联齿轮 1、三联齿轮 2 分别沿二根花键轴 1、花键轴 2 滑移，通过三根传动轴(二根花键轴 1、2 及平键轴)上不同的齿轮啮合，可得 9 级传动比。三根传动轴可三角形布置，也可展开布置。卸下平键轴装上中介轮轴及介轮，可得含介轮的齿轮传动。

### 3. 多级组合传动

可任选两种或两种以上的上述单级传动及变速器，用联轴器或离合器连接，可任意组合出数十种多级组合传动，如锥齿轮-变速器-链-槽轮组合传动、变速器-带组合传动、链-槽轮组合传动、带-链-槽轮组合传动、锥齿轮-槽轮-带组合传动、锥齿轮-槽轮-链组合传动、带-槽轮组合传动、链-槽轮组合传动等。

以上绝大部分组装方案均可采用手动或电动两种方式。

## 五、实验方法与步骤

(1) 打开实验箱，依据装箱单清点实验箱内零部件。

(2) 参照传动方案图，自行设计多级组合传动机构运动示意图。

(3) 将工作台面板及立柱组件组装好，安放在工作台上。

(4) 按照步骤 2 中设计的多级组合传动机构运动示意图组装传动机构。

(5) 转动手轮或开启电机，移动滑动套，观察传动机构的运动情况，测出传动比，验证传动比计算值，分析其传动特点。

(6) 拆卸零件部件，写实验报告。

(7) 预习实验报告中实验目的和实验设备，课前完成。课堂成绩根据学生上课的情况打分，思考题为课后作业，在下次实验前完成，并由下个实验的指导老师给出报告成绩。

## 六、实验内容

(1) 手轮-锥齿轮-九速变速箱-柱销联轴器-链-槽轮机构组合传动如图 10.1 所示。

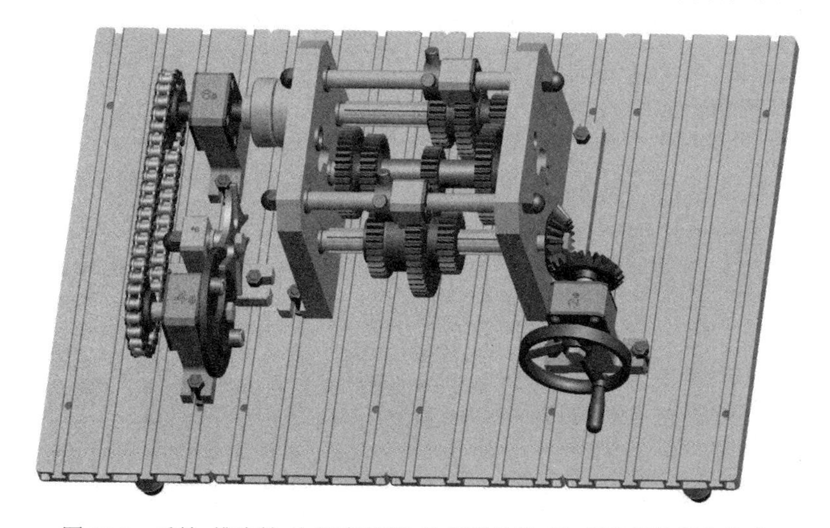

图 10.1　手轮-锥齿轮-九速变速箱-柱销联轴器-链-槽轮机构组合传动

(2) 手轮-变速器(介轮)-离合器-V 带组合传动如图 10.2 所示。

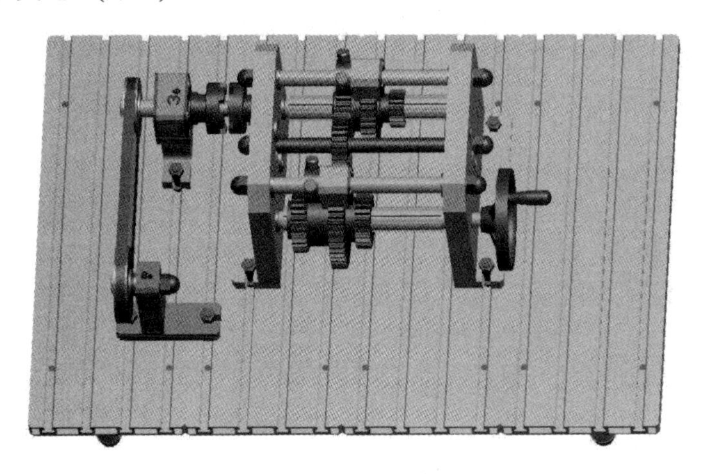

图 10.2　手轮-变速器(介轮)-离合器-V 带组合传动

(3) 手轮-柱销联轴器-链-槽轮机构组合传动如图 10.3 所示。

图 10.3　手轮-柱销联轴器-链-槽轮机构组合传动

(4) 手轮-V 带-离合器-链-槽轮机构组合传动如图 10.4 所示。

图 10.4　手轮-V 带-离合器-链-槽轮机构组合传动

(5) 手轮-十字万向节如图 10.5 所示。

图 10.5　手轮-十字万向节

(6) 手轮-蜗杆蜗轮(下置式)如图 10.6 所示。

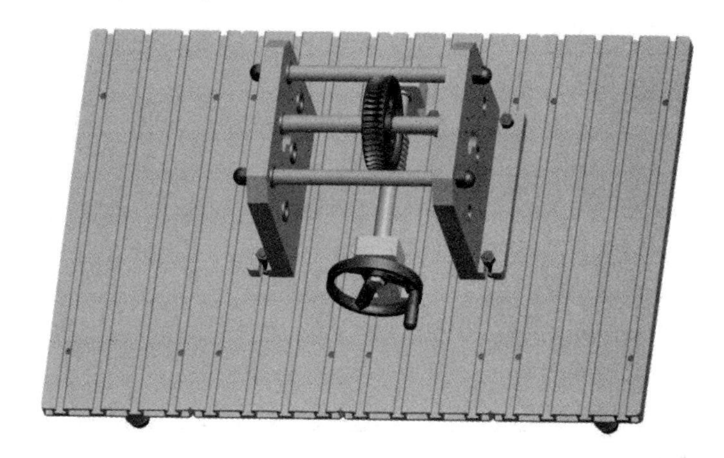

图 10.6　手轮-蜗杆蜗轮(下置式)

(7) 手轮-蜗轮蜗杆(上置式)如图 10.7 所示。

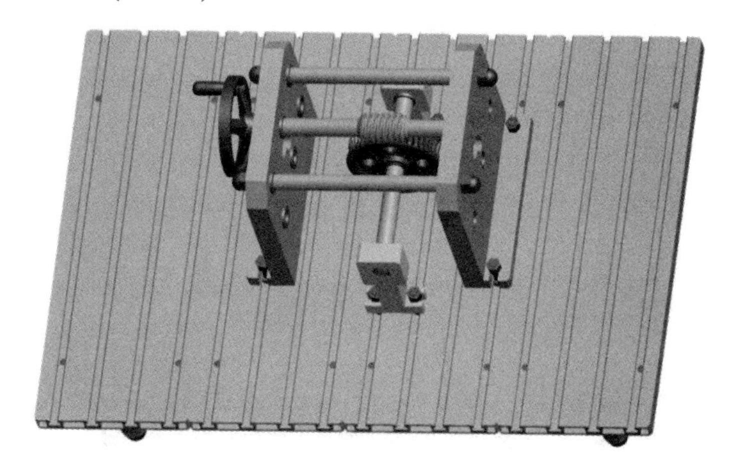

图 10.7　手轮-蜗轮蜗杆(上置式)

(8) 手轮-锥齿轮-槽轮机构-V 带组合传动如图 10.8 所示。

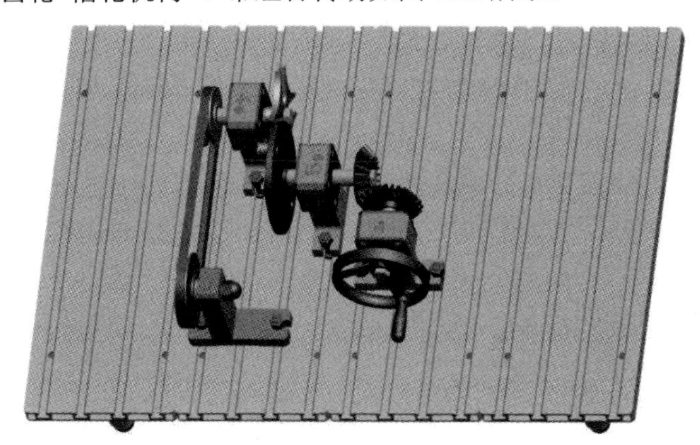

图 10.8　手轮-锥齿轮-槽轮机构-V 带组合传动

(9) 手轮-锥齿轮-槽轮机构-链组合传动如图 10.9 所示。

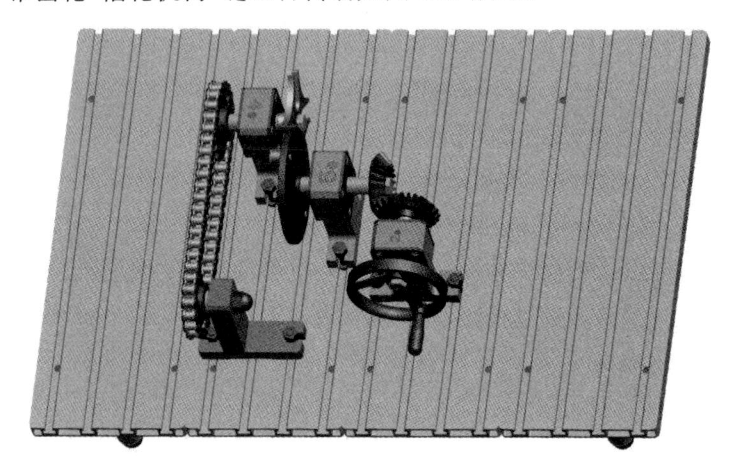

图 10.9　手轮-锥齿轮-槽轮机构-链组合传动

(10) 手轮-V 带-槽轮机构组合传动如图 10.10 所示。

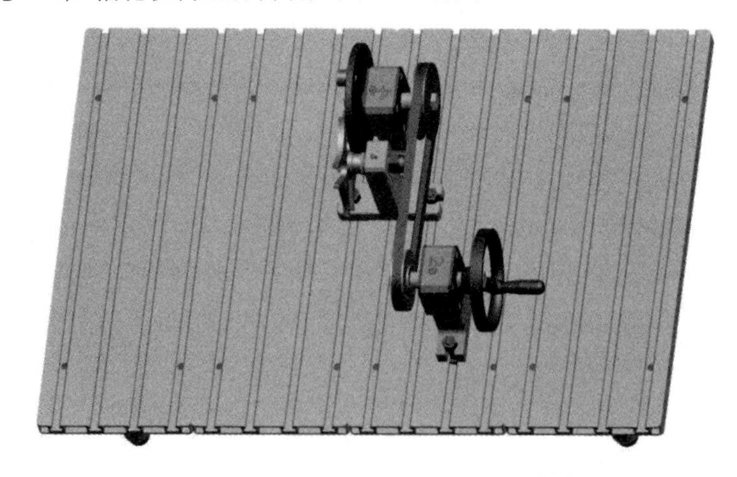

图 10.10　手轮-V 带-槽轮机构组合传动

(11) 手轮-链-槽轮机构组合传动如图 10.11 所示。

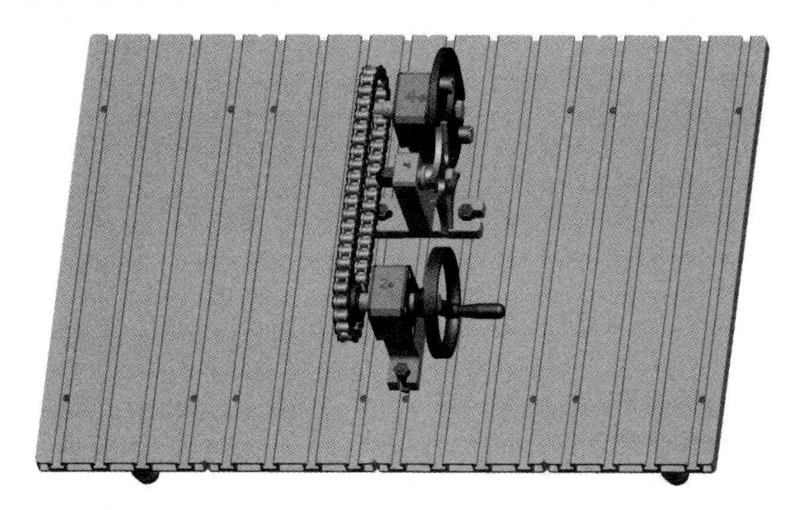

图 10.11　手轮-链-槽轮机构组合传动

## 七、实验注意事项

(1) 实验结束后应将全部零部件擦净后再装箱。

(2) 组装过程中，应防止轴等零件滚下工作台，以免砸伤脚部。

# 实验十一　机器运动学参数测试实验

## 一、实验目的

(1) 了解机器的组成和工作原理。

(2) 了解机器主要构件的作用和运动。

(3) 分析机器机械运动循环图的设计方法。

(4) 学会分析机器的形态学矩阵，并能设计出实现机器功能的新方案。

## 二、实验要求

(1) 通过观察了解机器的组成、结构、功能及作用。

(2) 测绘主要关联构件的运动参数及其相位关系，绘制机器的运动循环图。

(3) 测试当主轴匀速转动时，获得从动件的位移曲线和行程速度变化系数 K。

(4) 分析并写出机器的形态学矩阵，找出实现机器相同功能的其它方案。

## 三、实验设备与工具

单冲压片机(DP-120)。

## 四、实验方法与步骤

(1) 观察机器的工作过程。

(2) 测试上冲头位移与主轴转角的关系，绘制其位移曲线，计算其行程速度变化系数 K1。

(3) 测试下冲头位移与主轴转角的关系，绘制其位移曲线，计算其行程速度变化系数 K2。

(4) 测试料筛位移与主轴转角的关系，绘制其位移曲线，计算其行程速度变化系数 K3。

(5) 绘制机器的运动循环图。

(6) 写出机器的形态学矩阵，找出实现机器相同功能的其它方案。

(7) 填写实验报告。

(8) 将实验工具放回原处。

# 实验十二　连接传动综合实验

## 一、实验预习

(1) 什么是连接、机械传动？

(2) 机械传动的设计原理是什么？

(3) 了解螺栓工作时的受力情况。

(4) 了解带传动的工作原理及工作时的受力情况。

(5) 了解链传动的工作原理及工作时的受力情况。

## 二、实验目的

(1) 让学生全面地了解特定的机械性能参数在实际机械系统中的变化和联系。

(2) 让学生对机械系统的设计产生创造性的思维。

(3) 从系统角度了解机械传动、连接的功能和设计原理。

(4) 掌握先进的测试技术，并以计算机技术为表达手段为启迪学生的思维提供重要的方法。

(5) 掌握螺栓与被连接件的受力-变形规律，并绘制相关曲线，作出螺栓组载荷分布图及应力变化规律分布曲线，了解应变测试原理。

(6) 了解带传动的弹性滑动规律及效率变化规律。

(7) 了解液体动压承载原理，作出承载压力、油膜压力分布曲线。

(8) 了解链传动的结构及特点，观察链传动不均匀性对传动速度的影响。

(9) 了解循环应力的产生及特征，观察螺栓非对称脉动循环应力的曲线。

(10) 了解动载荷对机械系统速度波动的影响和产生速度波动的原因。

## 三、实验设备与工具

JYCS-III型机械系统性能研究及参数可视化分析实验台、扳手。

## 四、实验原理

该实验台的机械系统装在实验台的平台上。其中，一级传动以一台可水平移动的直流电动机作为系统驱动，通过皮带传动带动负载轴转动，该轴上装有模拟负载的制动瓦，以驱动凸轮变载装置。另一级传动可安装带传动或链传动，制动面采用螺纹加载方式，可测得加载力。在整个实验台的机械系统中，第一级传动可采用平带、V带传动，第二级传动可采用V带传动或链传动，在凸轮变载装置和螺栓组装中的连接螺栓均可更换。因此该实验台是一个有两种负载模式、二级传动的系统，通过对系统运动及受力参数的检测可了解系统的性能。

## 五、实验方法与步骤

### 1. 机械系统的组成及性能分析

一个完整的机械系统通常是由动力源、传动、负载、检测及控制等部分组成的。

1) 机械系统的组成

(1) 第一级传动系统：本系统由一台直流电机作为系统驱动，通过带传动将动力传递至Ⅰ级传动轴上。该级传动系统采用一根拉力螺杆，通过调节带轮中心距来张紧传动带。

(2) 第二级传动系统：在Ⅰ级传动轴的另一端也装有带轮(或链轮)，通过带(或链)将动力传至Ⅱ级传动轴上。该级传动系统的传动张紧是通过调节与Ⅱ级传动轴相固结的加载装置的位置来实现。

2) 机械系统的负载

(1) 静载荷：该负载为摩擦静负载，加在Ⅰ级传动轴上。摩擦轴瓦覆盖在轴身上，轴身上有一个活动加载杆，拧紧加载螺杆，即可增加轴瓦上的压力，轴与轴瓦间的摩擦力矩将发生变化，从而导致系统负载的变化。由于轴瓦浸于油中，因此该静态摩擦负载的摩擦力矩变化按液体动压摩擦规律变化。

(2) 动态负载：该负载与Ⅱ级传动轴相连，它利用凸轮轮廓线变化来引起弹簧压缩量的变化，进而引起Ⅱ级传动轴上的阻力矩发生变化。由于凸轮轮廓线是周期性变化的，因此由此引起的阻力矩变化也具有周期性。

3) 机械系统的组合方式

在机械系统中，组成系统的传动与连接具有其本身的特点，在不同的系统组成和负载变化方式下，呈现不同的运动和动力的变化规律。该实验平台可组成一级传动系统和二级传动系统。

(1) 一级传动系统：电机—带传动—Ⅰ级传动轴—静态负载。

(2) 二级传动系统：电机—带传动—Ⅰ级传动轴—带传动—(链传动)—Ⅱ级传动轴—动态负载。

4) 机械系统的性能

机械系统中含有带传动、链传动、液体摩擦轴瓦、螺栓组连接、对称螺栓连接等重要部分。它们各有其独特的性能。

(1) 带传动：它是一种具有弹性滑动特点的传动，随着系统负载的增加，弹性滑动程度将愈来愈高，最后出现完全打滑现象，这一过程将对系统传动及加载力产生重要影响。我们可以通过对带传动的滑差率和效率变化曲线来进行分析。

(2) 链传动：这是一种常用的挠性传动，由于链轮廓线呈多边形，造成在运动传递过程中速度不均匀，给系统的稳定性造成了一定影响。通过观察从动链轮的速度波动曲线，可以了解不同齿数的链轮造成的系统速度波动。

(3) 液体摩擦轴承：该部分在本系统中作为静态加载器使用，实验台将其设计为液体摩擦状态，轴瓦的油膜压力分布区钻有小孔，小孔与油压传感口相连，通过检测系统可了解液体承载压力油膜区的分布规律。

(4) 螺栓组连接：在本系统中，对称布置的螺栓用于连接加载臂和机座。当加载杆承受垂直负载时，螺栓组将承受倾覆力矩，通过对螺栓应变的检测，可了解螺栓组在承受倾覆力矩时的变形规律。

(5) 对称螺栓连接：用于连接变负载装置，当负载力发生周期变化时，螺栓应力也相应发生周期性变化。利用螺栓应力变化曲线可以分析循环应力的一些特征值。

5) 机械参数的检测及分析

本系统设计了一整套有关该系统传动及连接的运动、动力参数检测的传感器系统，该传动系统包括光栅角位移传感器、压力传感器、荷重传感器、管路压力传感器及电阻应变片等。传感器信号通过采集系统进行采集并处理后送往LED管显示，同时还可通过串口通信送入计算机可视化系统进行处理，形成连续变化的曲线，以供分析。

6) 参数的检测点

(1) 电机转速及转矩 (即第一级带传动的主传动带轮传动力矩)：电机转速通过1000脉冲/转的光电盘进行检测。驱动电机的外壳处于“悬浮”状态，通过检测与电机外壳固结的杠杆支点力，我们可以计算出电动机的转矩 $M = F \cdot L$，与主传动带轮上的传动力矩(见实验台结构)及摩擦轴瓦上的摩擦力矩相等。

(2) 摩擦轴承轴瓦上的摩擦力矩：是通过检测与轴瓦相连的杠杆支点力来计算得到的。

(3) 加载力：由安装在加载螺杆与轴瓦加载杆之间的0～1 t荷重传感器检测。

(4) Ⅰ级传动轴转速：由与轴相连的光电盘进行检测(1000脉冲/转)。

(5) Ⅱ级传动轴转速：由与轴相连的光电转速传感器进行检测(1000脉冲/转)。

(6) 轴瓦压力膜油压：由管路压力传感器进行检测。

(7) 螺栓应变：由粘贴于螺栓表面的电阻应变片进行检测。

### 2. 螺栓组连接实验

1) 实验目的

(1) 掌握螺栓与被连接件的受力-变形规律，并绘制相关曲线。

(2) 作出螺栓组载荷分布图及应力变化规律分布曲线。

(3) 了解应变测试原理。

2) 实验原理

(1) 螺栓组分布的几何尺寸及受力。

由实验台结构可知，螺纹加载装置的加载臂与机座利用十根螺栓连接，对称布置，如图12.1所示。当加载螺栓受力时，其力与结合面平行，将产生一个倾覆力矩，每根连接螺栓将产生相应的应变 $\varepsilon$。将 $\varepsilon$ 代入公式(12.1)就可算出螺栓力大小。

$$Q = E\varepsilon A \tag{12.1}$$

实验台的螺栓组布置的有关参数如图 12.1 所示。

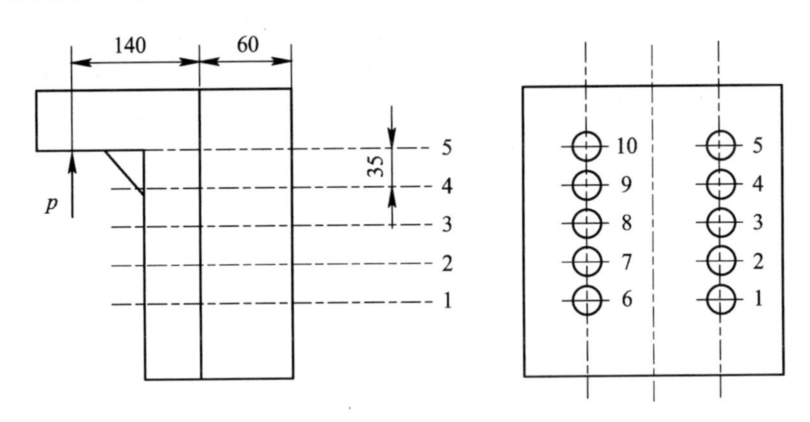


图 12.1　螺栓组布置图

(2) 螺栓结构尺寸。

实验台螺栓的有关参数如图 12.2 所示。螺栓直径 $d_1 = 10$ mm，$d_2 = 6$ mm，螺栓长度 $L = 160$ mm，$L' = 40$ mm，$L_1 = 65$ mm。

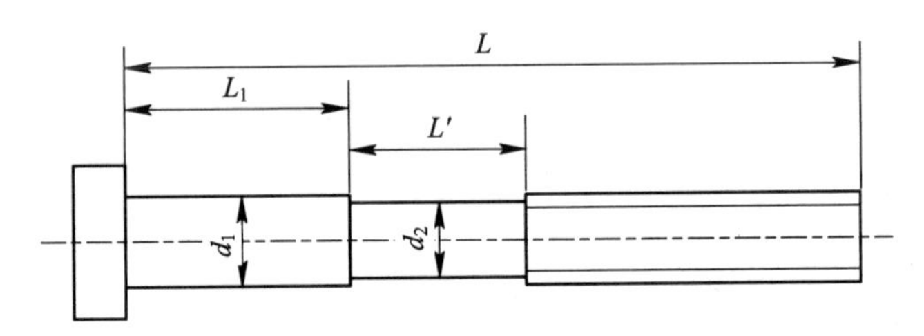


图 12.2　螺栓组连接装置的有关参数

(3) 螺栓连接受力-变形分析。

当螺母未拧紧时，螺栓连接中未受到力的作用，螺栓和被连接件均无变形。

若将螺母拧紧(即施加一个预紧力 $F_0$)，则连接受预紧力的作用，螺栓伸长了 $\lambda_b$，被连接件压缩了 $\lambda_m$。

当螺栓连接承受工作载荷 $F$(绕中心轴线 3－8 回转)时，螺栓 1、2、6、7 所受的拉力将增大，变形增加，被连接件因螺栓伸长增加而被放松，其压缩量也随着减少；螺栓 3、8 的受力和变形不发生变化；螺栓 4、5、9、10 的受力则减小，而被连接件的压缩变形则增大。螺栓受力示意图如图 12.3 所示。受力与变形关系图如图 12.4 所示。

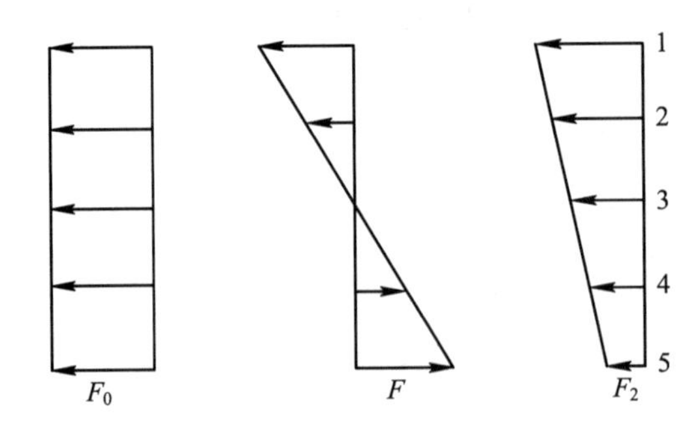


图 12.3　螺栓受力示意图

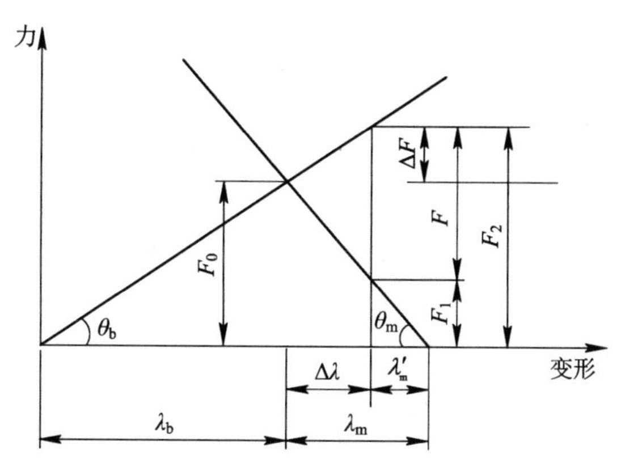


图 12.4　受力与变形关系图

由于螺栓和被连接件均为弹性变形，因此受力与变形可用图 12.4 表示。由图 12.4 可知，螺栓的总拉力 $F_2$ 等于残余预紧力 $F_1+F$。

总拉力为

$$F_2 = E\varepsilon' A \tag{12.2}$$

式中：$\varepsilon'$——加载后的应变值。

预紧力为

$$F_0 = E\varepsilon A \tag{12.3}$$

式中：$\varepsilon$——加预紧力后的应变值。

每个螺栓的工作载荷可用式(12.4)计算：

$$F_{\mathrm{i}} = \frac{Mr_i}{2\sum r_i^2} \tag{12.4}$$

式中：$M$——绕结合面的倾覆力矩，单位为 N·cm，$M=P\times L$；

$r_i$——各螺栓到中心轴线 3-8 的距离。

为使结合面不产生缝隙，必须使结合面在最大工作载荷下仍有一定残余预紧力，即 $F_1>0$。如图 12.4 所示。螺栓和被连接件的刚度分别如下：

$$\tan\theta_{\mathrm{b}} = \frac{F_0}{\lambda_{\mathrm{b}}} = C_{\mathrm{b}} \tag{12.5}$$

$$\tan\theta_{\mathrm{m}} = \frac{F_0}{\lambda_{\mathrm{b}}} = C_{\mathrm{m}} \tag{12.6}$$

因此总拉力

$$F_2 = F_0 + \frac{C_{\mathrm{b}}}{C_{\mathrm{b}}+C_{\mathrm{m}}}F$$

其中：$\frac{C_{\mathrm{b}}}{C_{\mathrm{b}}+C_{\mathrm{m}}}F=\Delta F$——螺栓总拉力的变化。

又因

$$F_2 = F + F_1$$

故

$$F_1 = F_0 - F\left(1 - \frac{C_b}{C_b + C_m}\right)$$

要保证有一定的残余预紧力，必须使 $F_1 > 0$，即 $F_0 > F\left(1 - \frac{C_b}{C_b + C_m}\right)$。因 $1 - \frac{C_b}{C_b + C_m} < 1$，故只要 $F_0 > F_{max}$ 即可保证有一定的残余预紧力。

注意：该实验台测试系统可检测的最大应变值为 200。

3) 实验步骤

(1) 用串口线将计算机与实验台串口相连，接上电源线，打开电源开关，让实验台检测系统预热 3～5 min。可通过实验台控制面板选择实验项目为“静态螺栓”实验。也可打开实验程序，进入主界面，点击“静态螺栓组应变测试”按钮，由软件来选择“静态螺栓”实验。点击静态螺栓组应变测试窗体“操作”菜单中的“采集”子菜单或点击工具栏中的采集按钮，使计算机与应变仪连接。

(2) 松开连接螺栓，确保 10 根螺栓都在自由状态。用小螺丝刀调节实验台上“电桥平衡调节板”上的 $\varepsilon_1$～$\varepsilon_{10}$ 来调节电阻，其分别对应于 1～10 号螺栓，使电桥趋于平衡。可在显示板上观察按键选择 10 根螺栓的显示值，也可通过 PC 实验程序采集的曲线观察。调节各螺栓使应变值为 0，顺时针调节电桥平衡调节板上的可调电阻，应变值增大；逆时针调节可调电阻，应变值减小。

(3) 用扳手给每根螺栓预紧，预紧应变值为 100 左右，尽量确保每组螺栓应变片的朝向一致。本实验台推荐各螺栓应变片朝向沿垂直方向向外。

(4) 点击“操作”菜单中的“设置当前值为参考值”子菜单，或点击工具栏中相应的快捷按钮，记录当前螺栓的应变值为参考值。点击“操作”菜单中的“采点”子菜单或工具栏中相应的快捷按钮，记录参考值的曲线位置。

(5) 逐步增加负载值。点击“采点”按钮，记录 10 根螺栓在不同载重下的应变值和与参考值的差值。

(6) 观察并思考螺栓组的应变变化趋势。

(7) 点击“实验项目”菜单中“静态螺栓组应变测试”的子菜单，生成实验报告，此时，将出现螺栓组应变变化曲线实验报告窗体，该窗体可预览并打印。

(8) 重新调节各螺栓的松紧，使其应变值在 $100\mu\varepsilon$ 左右(不可调节调零电阻)，以进行连接件与被连接件受力分析实验。

(9) 点击“实验项目”菜单中“静态螺栓组应变测试”的子菜单“连接件与被连接件受力测试”或点击工具栏上相应的快捷按钮，将出现连接件与被连接件受力测试窗体。点击实验操作选项中设置预紧力的按钮，将在右边曲线显示区显示预紧力点，逐步增加负载值，点击“采点”按钮，将记录不同载荷下连接件与被连接件的受力情况。点“连线”按钮可将采集的点连接起来。实验结果记录如表 12.1 所示：

表 12.1　实验结果记录

| 螺栓编号 | 应　变 | | | | | |
|---|---|---|---|---|---|---|
| | 预紧 | 50 kg | 100 kg | 150 kg | 200 kg | 250 kg |
| 1 | | | | | | |
| 2 | | | | | | |
| 3 | | | | | | |
| 4 | | | | | | |
| 5 | | | | | | |

### 3. 带传动实验

1) 实验原理

此实验台属于综合实验台的一部分。该装置中，主动电机是直流电动机，其定子是浮动的，从动轮采用机械制动，传动皮带装在主动轮和从动轮上。直流电动机由一对滚动轴承支撑，使电机定子可绕轴线摆动，在定子上装有测力杆，杠杆支点压在力传感器上，当皮带转动时，便能容易地得到电动机和制动瓦的工作转矩的信号。直流电动机安装在一个可移动的平板上，该平板可在两固定于实验台上的平行轴上左右移动。通过一根螺栓来拉紧平板可以得到大小不同的预紧力。移动平板上有标尺，$O$ 点与固定中心距相对应的距离为 130 mm。

接通电源后，调节调速旋钮，使电动机开始转动并达到一定转速。开启液压系统，调节溢流阀可使从动轴加载上不同的负载。随着负载的变化，主动轮和从动轮的转矩及两带轮的转速值也在变化。这些数据可在单片机的显示屏上显示，也可送入计算机，自动绘制出滑差曲线和效率曲线，皮带的弹性滑动和完全打滑现象可以在实验过程中得到体现。

该实验的加载部分是通过从动轴上的制动瓦来实现的，制动瓦上的负载通过一根螺杆而加载。

2) 已知条件

加载力臂长度：$L_1 = 90$ mm，$L_2 = 134$ mm。

带轮直径：$D_1 = D_2 = 120$ mm。

包角：$\alpha = 180°$ 。

带的截面积：$A = 30 \times 2 = 60\ \text{mm}^2$。

3) 实验步骤

(1) 调节连接电动机和实验台的螺母，拉紧传动带，并记录中心距。

(2) 调节调速按钮，使工作转速达到 800 r/min。

(3) 调节加载螺栓，使负载达到一定数值。加负载的大小与次数可根据实验需要来定。

(4) 通过综合实验台的皮带传动测试区测试每一个参数。

(5) 与计算机连接后，可观察滑差与效率曲线的变化。

(6) 实验完毕后，将电动机的电源关闭，并按下卸荷旋钮，使负载卸荷。

#### 4. 滑动轴瓦油膜压力分布分析实验

1) 实验原理

滑动轴承分为动压轴承和静压轴承两大类。动压轴承要形成压力油膜，轴与轴瓦在相对运动时要形成液体摩擦必须具备下列条件：

(1) 轴颈具有一定的圆周速度。

(2) 轴颈与轴瓦之间有一定的楔形间隙(不能小于加工不平度之和)

(3) 供油充足且润滑油具有一定的黏度。

楔形润滑油(油膜)承载机理如图 12.5 所示。

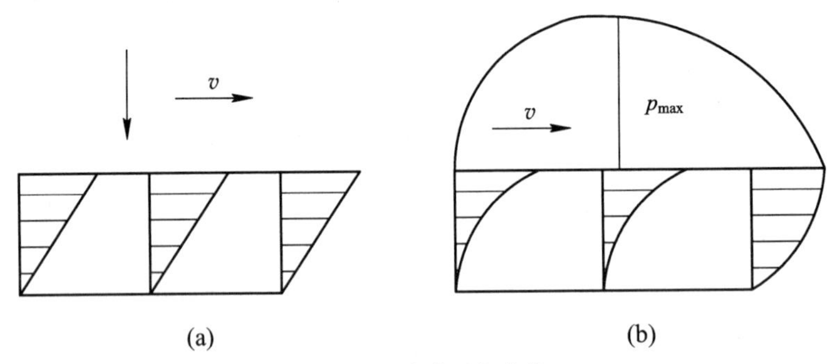


图 12.5　油膜压力曲线

当两滑动表面平行时，各处的油膜压力总等于入口和出口压力，故不能产生高的出口压力，不仅不能产生膜压以支撑外载，反而会产生使两表面相吸的负压。

当两滑动表面呈收敛楔形时，运动件带着润滑剂从大口流向小口，如油膜压力分布图所示(见图 12.6)，此时润滑膜沿速度方向的压力都大于入口和出口压力，能产生压力以支撑外载。

滑动轴承、轴瓦与轴以间隙配合，即可形成楔形效应。轴瓦内径 $d = 75$ mm，轴瓦长度 $L = 145$ mm，其径向及轴向压力分布曲线如图 12.6 所示。

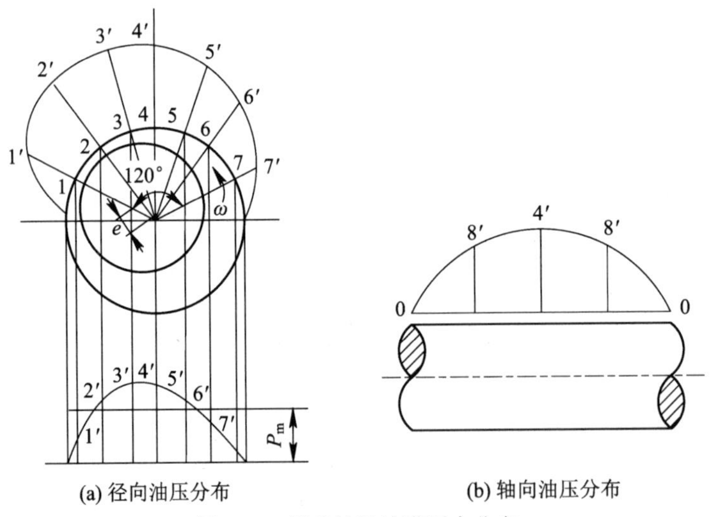


图 12.6　滑动轴承油膜压力分布

轴瓦油孔分布如图 12.7 所示。

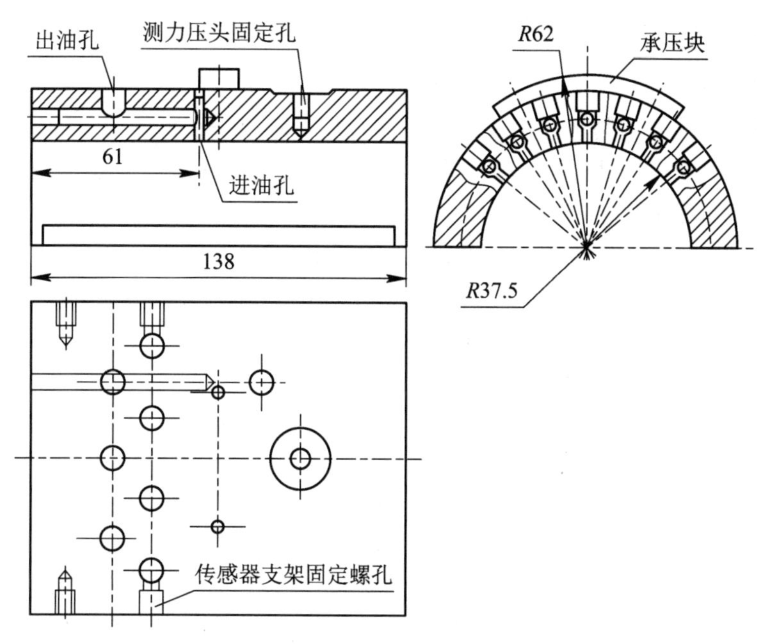


图 12.7　轴瓦油孔分布图

2) 实验步骤

(1) 用串口连接计算机和实验台，打开实验台电源，通过实验台控制面板选择实验项目为“滑动轴承”实验，或通过软件打开“滑动轴承测试”窗体来选择“滑动轴承”实验，并在软件窗体中点击“采集”按钮，以建立通信连接。

(2) 在确保没有加载荷的情况下启动电机，调节电机转速为 300 r/min 左右。

(3) 拧紧加载螺纹，逐次加大载荷力，其数值可从显示面板上读出(按相关参数按键)，也可从软件窗体观察到。建议在 50～300 kg 内加载，每次加 50 kg。

(4) 每加载一次载荷，观察并记录油膜压力分布，可通过点击软件窗体中油膜轴向压力分布区中的“采点”按钮来记录。

(5) 固定加载力为 300 kg，调节电机转速为 200～500 r/min，观察并记录油膜压力分布，可通过点击软件窗体中油膜轴向压力分布区中的“采点”按钮来记录。

(6) 固定加载力为 300 kg，点击软件窗体中 $\lambda-f$ 曲线采点显示区中的“采点”按钮，采集初始点。

(7) 逐步调低电机的转速，每调低一次，采点一次。建议每次调低电机转速在 10～25 r/min 左右，直至电机快停止。若电机已停止，切勿再按加速键来启动电机，因为系统还加有载荷。

(8) 打印结果或手工描绘曲线。

(9) 实验完毕后，松开加载螺杆，使负载卸荷，停止电机，关掉实验台电源。

3) 实验注意事项

(1) 加载力不得超过 350 kg。

(2) 启动电机前要确保没有加载荷。

(3) 后一级链传动不应接入传动系统，应将链条卸下。

### 5. 链传动实验

1) 实验原理

链传动中链条的链节与链轮齿相啮合，可看作将链条绕在正多边形的链轮上。该正多边形的边长等于链条的节距 $p$，边数等于链轮齿数 $z$，链轮每转一圈，随之转过的链长为 $z_1$，所以链条的运动速度为

$$v=\frac{z_1 n_1 p}{60\times 1000}=\frac{z_2 n_2 p}{60\times 1000} \tag{12.7}$$

式中：$z_1$、$z_2$——主、从动链轮的齿数；

$n_1$、$n_2$——主从动轮的转速；

$p$——链的节距。

瞬时传动比

$$i_{12}=\frac{\omega_1}{\omega_2} \tag{12.8}$$

式中：$\omega_1$、$\omega_2$——主、从动链轮的角速度。

根据分析可知，由于链传动的多边形效应，实际上链传动中瞬时速度和瞬时传动比都是变化的，而且按每一链节的啮合过程作周期性变化。

链传动用于综合实验台的第二级传动，通过光栅转速传感器可测得从动轮的瞬时转速，经数据处理后，可在计算机测试界面形成实时变化曲线。通过该变化曲线可以观察到链传动的不均匀性。

2) 实验步骤

(1) 将第二级传动装上链传动。

(2) 将实验台与计算机相连。

(3) 松开所有负载，开动实验台。

(4) 打开相关界面，观察从动轮的速度的不均匀性。

### 6. 动态螺栓连接实验

1) 实验原理

螺栓承受轴向变载荷是螺栓连接的重要作用之一。在受脉动循环应力作用时，螺栓所受的总拉力变化是校核螺栓疲劳强度的重要依据。

实验台利用凸轮驱动弹簧产生周期性应变力，并将其加载到被测试的连接螺栓上。被测螺栓的几何尺寸如图 12.8 所示。螺栓总长 $L=210$ mm，中间段 $L'=104$ mm，螺栓直径 $d_1=12$ mm，$d_2=6$ mm。

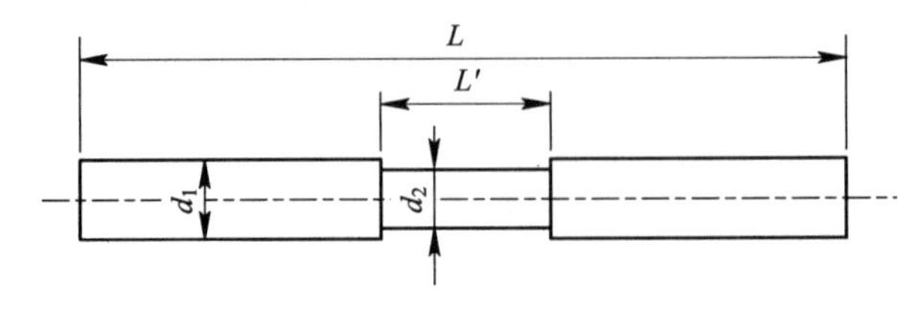


图 12.8　动态螺栓尺寸示意图

2) 实验步骤

(1) 实验台两级传动均要安装。

(2) 调整螺栓预紧力小于等于 200$\mu\varepsilon$。

(3) 将计算机与实验台连接(通过串口)。

(4) 打开实验台。

(5) 打开测试界面，即可观察到螺栓应力变化曲线。

(6) 打印结果，计算螺栓总拉力的变化范围。

注意：受限于测试系统的检测范围，请使用者在给定的范围($\leqslant 300\mu\varepsilon$)内实验。

### 7. 系统速度波动实验

1) 实验原理

机械系统中受机构各构件的质量、转动惯量和作用在机械上的驱动力及工作阻力的影响，系统运行速度将发生波动，而呈不均匀性。研究在外力作用下，机械系统的速度变化规律。设计机械时，尤其要研究高速重载，高精度与高自动化的机械的速度变化规律。

该实验台的变负载装置(动态螺栓)将给系统作用一个周期变化的作用力，这会引起系统速度的周期性波动。

2) 实验步骤

(1) 将实验台与计算机连接(通过串口)。

(2) 将动态连接螺栓拧紧到某一程度。

(3) 开动实验台，打开计算机测试界面，观察速度变化曲线。

(4) 进一步拧紧螺栓连接，观察系统速度曲线的变化幅度。

(5) 打印曲线，分析系统速度波动的原因及改善办法。

## 六、实验内容

(1) 根据实验的需要，熟识实验所需的零部件。

(2) 根据自己设计的机械系统方案图找出零部件并组装系统。

(3) 接通电源，检验系统是否能正常运转并将相关实验参数数据进行采集后，输入计算机，观察其变化曲线。

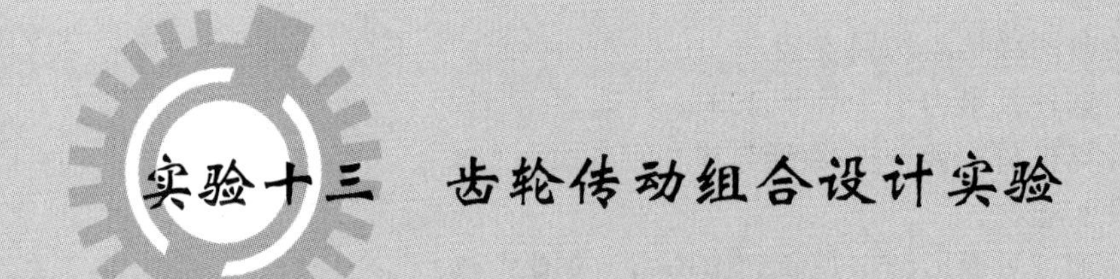

# 实验十三　齿轮传动组合设计实验

## 一、实验预习

(1) 各种齿轮正确啮合条件。
(2) 阶梯轴的结构设计。
(3) 熟悉轴的结构。
(4) 各种轴承的应用范围。

## 二、实验目的

(1) 加深对多种齿轮副结构的认识，了解他们所能组成的多种传动系统。
(2) 根据传动系统的需要，学习怎样合理选择轴承。
(3) 了解轴承的装配、固定、调整和密封；
(4) 通过对实物的组装和测绘，对正确设计传动系统，合理选用轴承和密封元件加深感性认识。

## 三、实验设备与工具

(1) 五种齿轮：直齿圆柱齿轮、斜齿圆柱齿轮、螺旋齿轮、斜齿轮、蜗轮蜗杆。
(2) 两种(八件)轴承：四个单列向心轴承，四个单列圆锥滚子轴承。
(3) 密封件：毛毡卷、橡胶油封、迷宫式密封，回油螺纹式密封等。
(4) 四根传动轴，多种轴套和调整垫。
(5) 四个轴承座和五种轴承压盖。
(6) 一个箱体。
(7) 一把卡环钳，一个钢棒。
(8) 扳手，螺丝刀，卡尺，钢板尺等。

## 四、实验方法与步骤

(1) 根据设计方案，选出符合要求的齿轮、轴、轴承、轴承座和密封件等零件，并对他们进行主要尺寸的测量，将测量的数据填入实验记录表。
(2) 根据设计方案，进行传动系统的组装。
(3) 在组装过程中应接受教师的指导和检查。

(4) 组装完毕经教师认可后，拆卸所组装的传动系统，将所有零件整理装箱。

## 五、实验内容

(1) 由教师指定或自选一种齿轮传动组合方案(参考使用说明书)。

(2) 根据所确定的传动方案，选出所需的齿轮副和轴等零件。

(3) 根据齿轮轮副的受力分析数据，选出所需的轴承。

① 如轴承径向力或轴向受力很小时，应选用向心球轴承。

② 如轴承轴向受力较大时，应选用圆锥滚子轴承，这种轴承必须成对使用，放在轴的两端各一个或轴的一端两个，另一端放其它型号轴承，也可悬臂。但这种轴承间隙必须调整。

注：轴承应根据受力的特点合理选用。本实验箱提供二种具有共性的轴承供选择。

(4) 选择轴的支承方式。

① 两端固定。这种结构一定要考虑到轴的热变形，在支撑与压盖之间要留有间隙，其值的大小与工作时的最大温度、轴的长度及轴的热膨胀系数有关。要在轴承端口与轴肩处加上调整垫和在轴承盖与箱体端口间加调整垫来保证间隙。

② 一端固定，一端游动。

③ 悬臂式支承。两个圆锥轴承同安装在轴的一侧，此类轴承组装时一定要考虑留有间隙，因为径向间隙组装后难以测量，换算轴向间隙的测量比较方便。一般轴向间隙 $\delta=0.1$～0.15 mm，通过在轴承内端面加调整垫来保证。

(5) 选择轴承的配合与固定方式。

① 轴承的外圈与轴承座(或箱体)配合不宜过紧，工作时外圈稍有微旋，使外圈滚道受损均匀，可延长轴承使用寿命。

② 轴承内圈与轴的配合较紧，尤其是传递大功率时，都是过盈配合。安装时，要将轴承在油中加热，在拆卸时要用轴承爪子，装配时要用压力机。使用本实验箱时，因考虑到轴承要经常重复拆装，所以不能配合得过紧，以免拆装困难。

轴承内圈的固定有卡环式、压板式、锁紧螺母式等。

(6) 选择密封结构。

密封的可靠性是传动系统中的难题之一，因为有旋转就必须有间隙，而有间隙就可能会漏油。既要有间隙又要不漏油，就必须采取密封措施。密封结构形式很多，应根据具体情况来选择。本实验箱仅给出几种基本的密封结构，供实验中参考选用。

间隙密封方式有迷宫式和回油式。接触式密封方式有毛毡式和油封式。

# 实验十四　机械系统创意组合及性能分析实验

## 一、实验预习

(1) 一般情况下，由带传动、链传动等组成的多级机械传动系统中，带传动、链传动如何布置更合理?为什么?

(2) 各种啮合传动分别有什么特点?

(3) 影响机械传动系统效率的因素有哪些？采用哪些措施来提高机械传动的效率?

(4) 设计多级机械传动系统方案时，应考虑的因素有哪些?一般情况下宜采用何种方案?

## 二、实验目的

(1) 掌握机械传动系统合理布置的基本要求和机械传动方案设计的一般方法，加深对常见机械传动性能的认识和理解，并根据给定的条件进行机械传动系统方案设计，组装成机械传动装置。通过实验，了解机械传动系统方案设计的多样性，对多种可行方案进行比较、评价，最终确定最佳方案。

(2) 对机械传动系统进行运动分析、动力分析及装配方案分析。通过对常见机械传动装置及由常见机械传动装置组成的不同传动系统在传递运动与动力过程中的参数曲线进行测试与分析，加深对常见机械传动性能的认识和理解，掌握机械传动系统合理布置的基本要求，提高机械设计能力。

(3) 培养学生根据机械传动实验任务进行自主实验的能力，通过实验认识智能化机械传动性能综合测试实验台的工作原理，掌握计算机辅助实验的方法，提高进行设计型实验与创新型实验的能力。

## 三、实验设备与工具

本实验采用的是 JCZS-Ⅱ型机械传动性能综合实验台。该实验台是一种模块化、多功能、开放式、具有工程背景的新型机械设计综合实验装置。学生可根据选择或设计的实验类型、方案和内容，自己动手进行安装调试和测试，进行设计型实验、综合型实验或创新型实验。

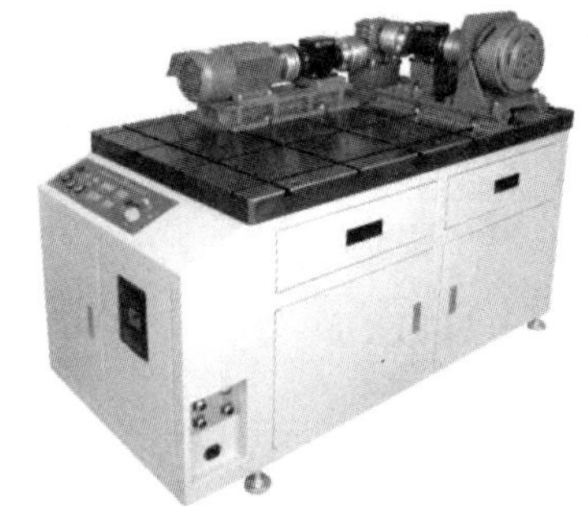

图 14.1　JCZS-Ⅱ型机械传动性能综合实验台

该实验台主要由控制(配件)柜、安装平板、驱动源、负载以及减速器、螺纹传动联轴器、带、链、三角带轮、链轮库等组成，如图 14.1 所示。可根据需要组合成 13 大类 30 多种机械传动系统。其中，控制(配件)柜、安装平板、驱动源、负载、减速器、螺纹传动为整体结构。安装平板上加工了 T 形槽(横向 4 根，纵向 6 根)，可满足不同机械传动系统的安装需要。减速器有蜗轮减速器、圆柱齿轮减速器、摆线针轮减速器等三种。联轴器有弹性柱销联轴器、挠性爪型联轴器两种。

### 1. 控制(配件)柜的组成

控制(配件)柜体采用优质钢板经折弯成型后焊接而成，有四扇柜门。柜体四角安装有四个支撑脚和定向轮、万向轮各两个。使用定向轮、万向轮可在短距离内移动该实验台。柜体上通过螺栓固定有安装平板，安装平板作为组装各种不同类型机械传动系统的安装基准和固定平台。调整支撑脚可找平安装平板。控制(配件)柜体内还安装有控制测试系统、磁粉制动控制器、变频器等，并装有 RS-232 标准串行通信接口。其结构示意图如图 14.2 所示。

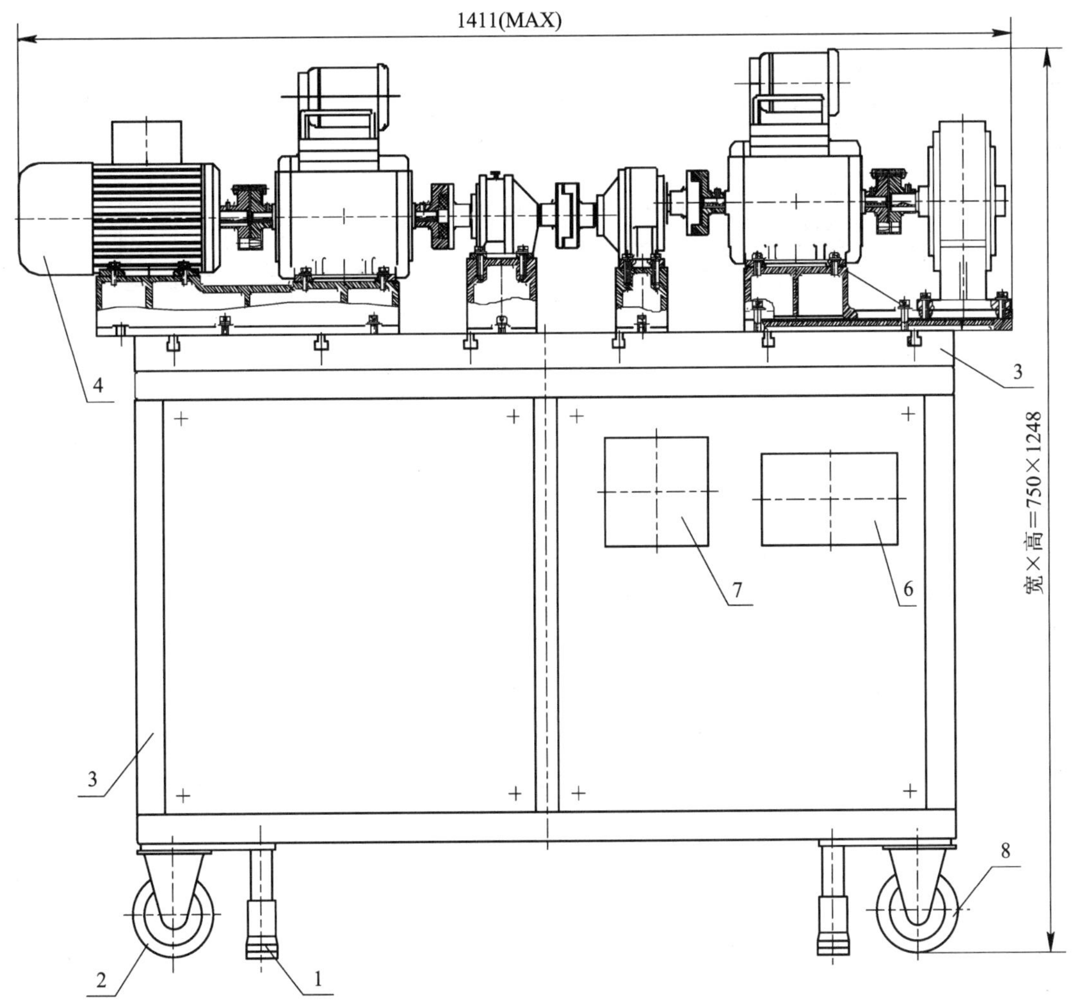


1—支撑脚；2—定向轮；3—控制(配件)柜体；4—机械传动系统；
5—安装平板；6—磁粉制动控制器；7—变频器；8—万向轮

图 14.2　控制(配件)柜的组成

### 2. 驱动源的组成和结构

驱动源由安装在电机底板上的变频调速电机和转矩转速传感器等组成，如图 14.3 所示。变频调速电机和转矩转速传感器采用弹性柱销联轴器连接。转矩转速传感器上的弹性柱销半联轴器用于与其它传动件连接，并输出变频调速电机的动力。通过调节变频器可改变变频调速电机的转速。

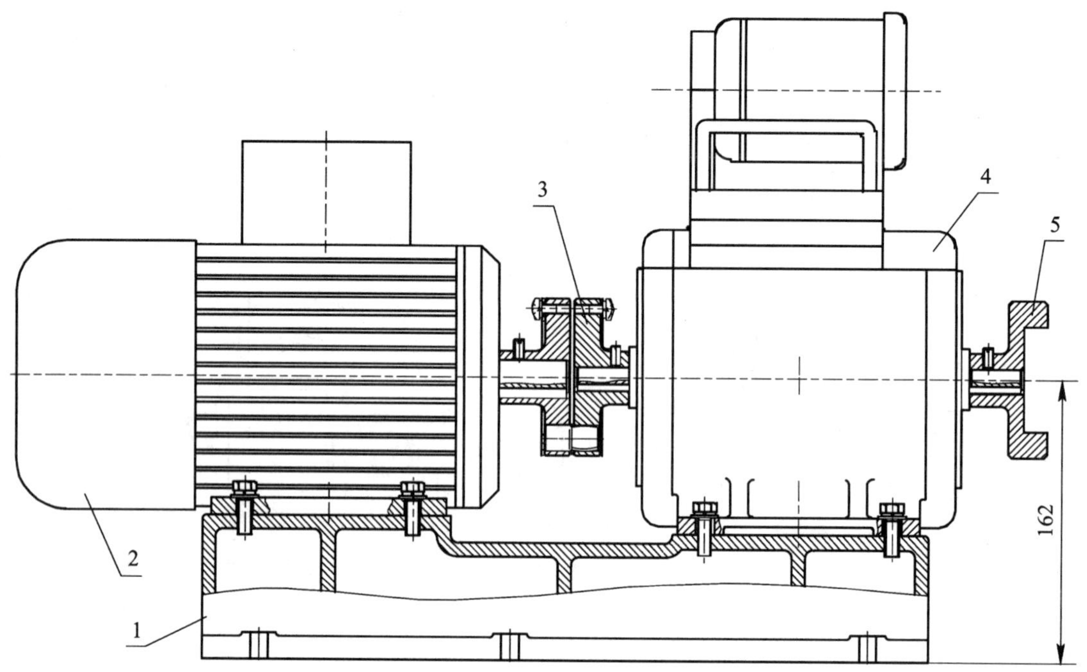


1—电机底板；2—变频调速电机；3—弹性柱销联轴器；4—转矩转速传感器；5—弹性柱销半联轴器

图 14.3　驱动源的组成

驱动源的中心高度及同轴度在出厂前均已调整测试合格，在使用中请勿随意松动紧固螺栓，以免影响测试精度和传感器的使用寿命。传感器应避免在剧烈振动和高温潮湿环境中使用和保管，其它注意事项详见转矩转速传感器使用说明书。

### 3. 负载的组成和结构

负载由安装在负载底板 1 的转矩转速传感器 3 和磁粉制动器 5 等组成。如图 14.4 所示，转矩转速传感器 3 和磁粉制动器 5 采用弹性柱销联轴器 4 连接并传递扭矩。转矩转速传感器 3 上的弹性柱销半联轴器 2 用于与其它传动件连接。通过调节磁粉制动控制器可改变磁粉制动器 5 的制动力。

负载的中心高度及同轴度在出厂前均已调整测试合格，在组合使用中请勿随意松动紧固螺栓以免影响测试精度和传感器的使用寿命。磁粉制动器在运输过程中，常使磁粉聚集到某处，导致有时会出现“卡死”现象，此时只需将制动器整体翻动，或用杠杆撬动，使磁粉分散开来，在使用前进行跑合运转，并先通以 20%左右的额定电流运转几秒，之后断电，再通电，反复几次，即可消除“卡死”现象。

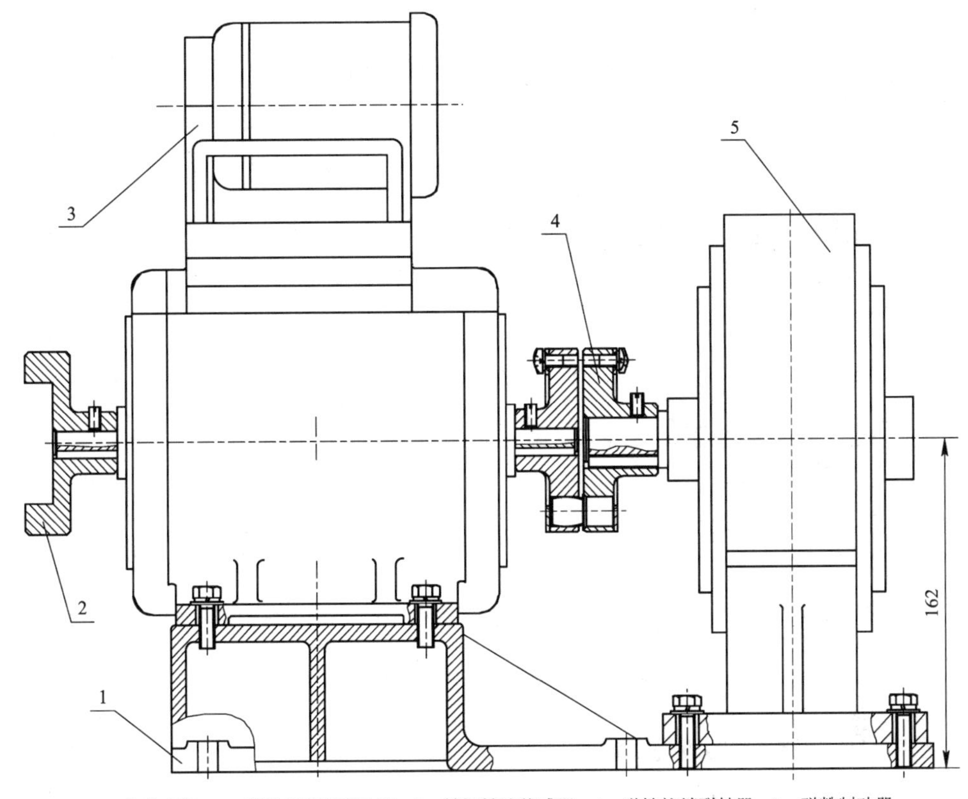


1—负载底板；2—弹性柱销半联轴器；3—转矩转速传感器；4—弹性柱销联轴器；5—磁粉制动器

图 14.4　负载的结构

## 4. 传动支承组件的组成和结构

传动支承组件由支承于两个轴承内圈的传动轴和支座内孔中的零件组成。如图 14.5 所示，轴承盖通过螺栓固定在支座上，起轴向定位的作用。传动轴两端的键根据组合需要连接弹性柱销联轴器或相关传动部件，如与带轮、链轮连接等。

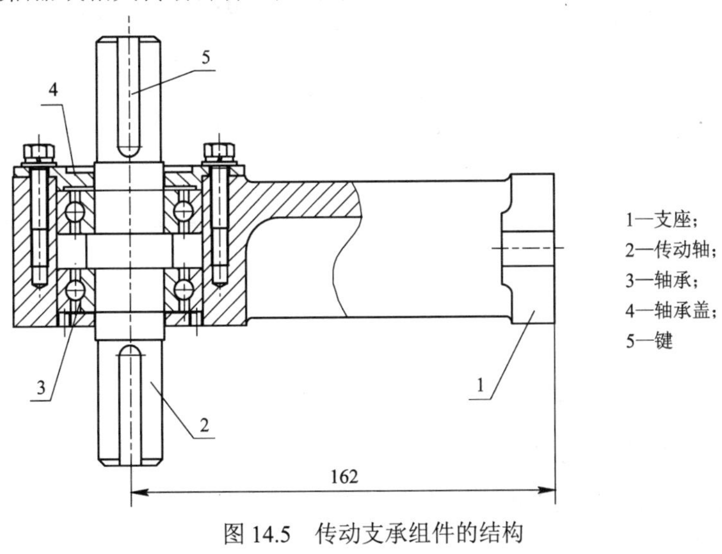


图 14.5　传动支承组件的结构

5. 蜗轮减速器的组成和结构

蜗轮减速器通过螺栓固定于支座上，并通过弹性柱销联轴器与其它传动件连接。其结构如图 14.6 所示。

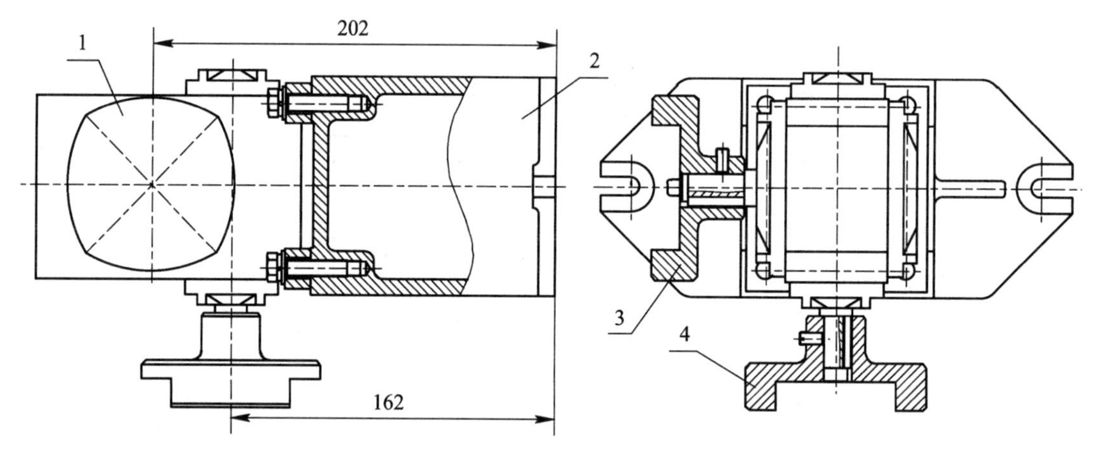


1—蜗轮减速器；2—支座；3—弹性柱销半联轴器(孔径$\phi$17)；4—弹性柱销半联轴器(孔径$\phi$12)

图 14.6　蜗轮减速器组合的结构

6. 摆线针轮减速器的组成和结构

摆线针轮减速器通过螺栓固定于支座上，并通过弹性柱销联轴器与其它传动件连接。其结构如图 14.7 所示。

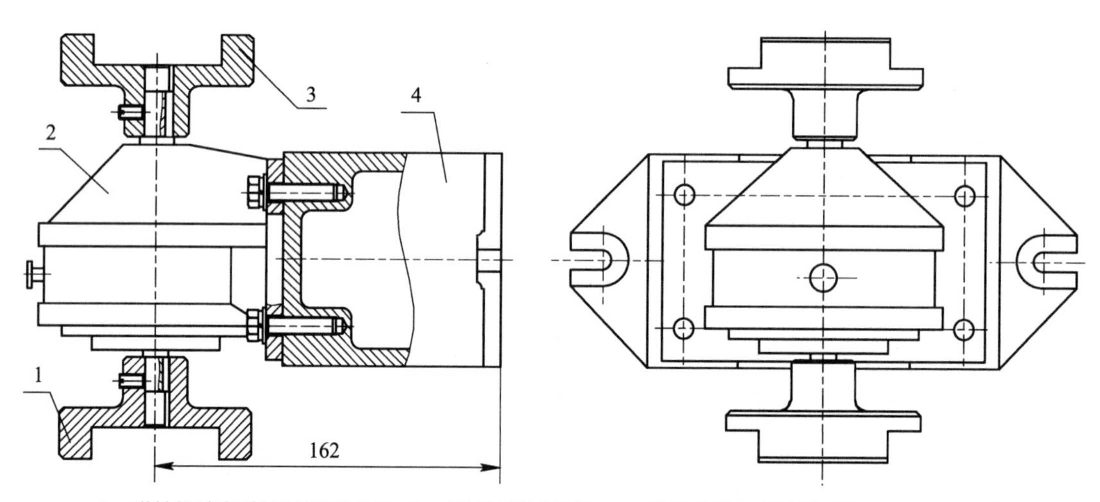


1—弹性柱销半联轴器(孔径$\phi$14)；2—摆线针轮减速器；3—弹性柱销半联轴器(孔径$\phi$18)；4—支座

图 14.7　摆线针轮减速器组合的结构

7. 圆柱齿轮减速器的组成和结构

圆柱齿轮减速器通过螺栓固定于支座上，并通过弹性柱销联轴器与其它传动件连接。其结构如图 14.8 所示。

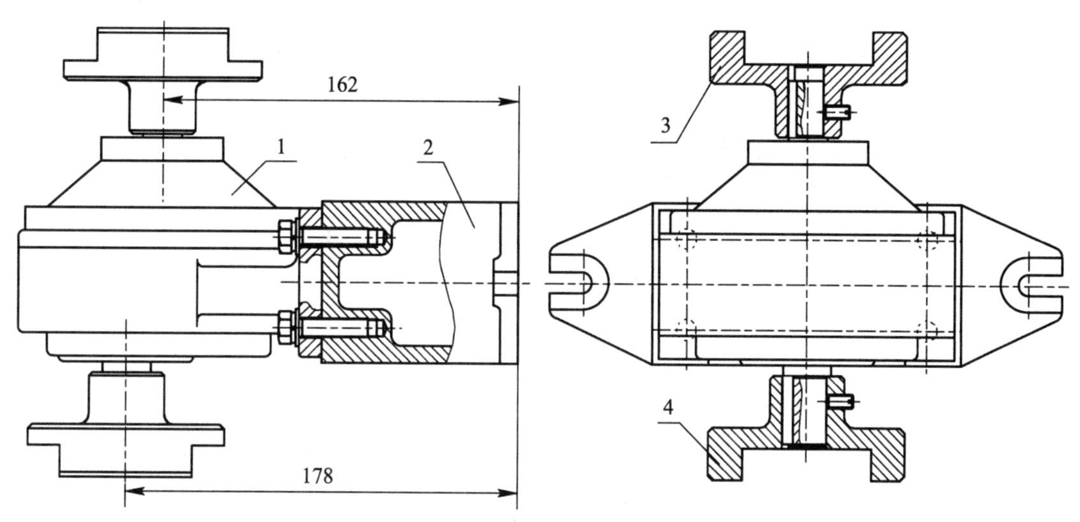


1—圆柱齿轮减速器；2—支座；3—弹性柱销半联轴器(孔径$\phi$16)；4—弹性柱销半联轴器(孔径$\phi$20)

图 14.8　圆柱齿轮减速器组合的结构

## 四、实验方法与步骤

### 1. 进入主程序界面

点击机械传动特性综合测试实验平台程序，进入主程序界面，如图 14.9 所示。

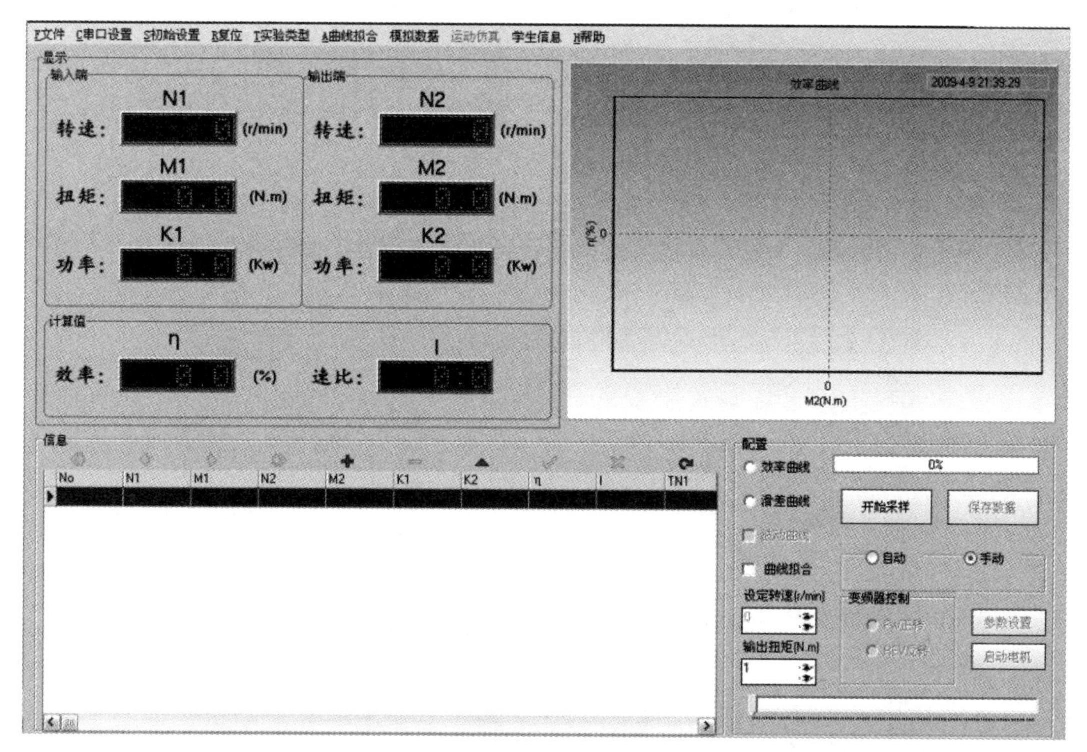


图 14.9　机械传动实验平台主程序

### 2. 连接串口

PC 通过 RS232 串口与实验设备连接，软件默认选择的是 PC 的 COM1 端口，如图 14.10 所示。如果用户连接的 PC 串口不是第一个 COM1，请选择相应端口。

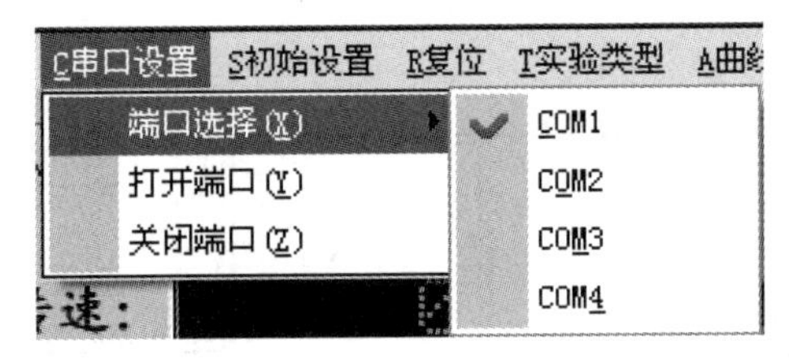


图 14.10　串口选择

### 3. 选择实验的机构类型

根据机构运动方案搭建的机构类型在菜单栏“实验类型”中选定实验机构类型，如图 14.11 所示。

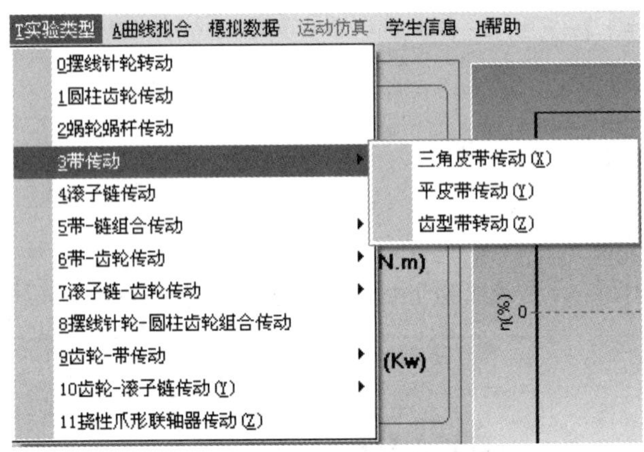


图 14.11　实验机构类型的选择

### 4. 进行初始设置

(1) 设置基本参数。根据具体的实验机构设置相应的最大工作载荷和机构速比，如图 14.12 所示。

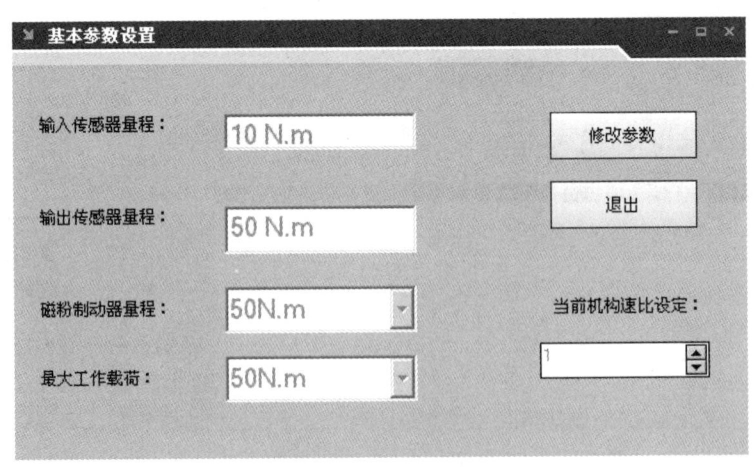


图 14.12　基本参数的设置

(2) 选择系统的工作模式。

系统的工作模式有自动和手动两种模式，如图 14.13 所示。可通过初始设置下拉菜单中的实验模式或在配置界面直接设置工作模式。

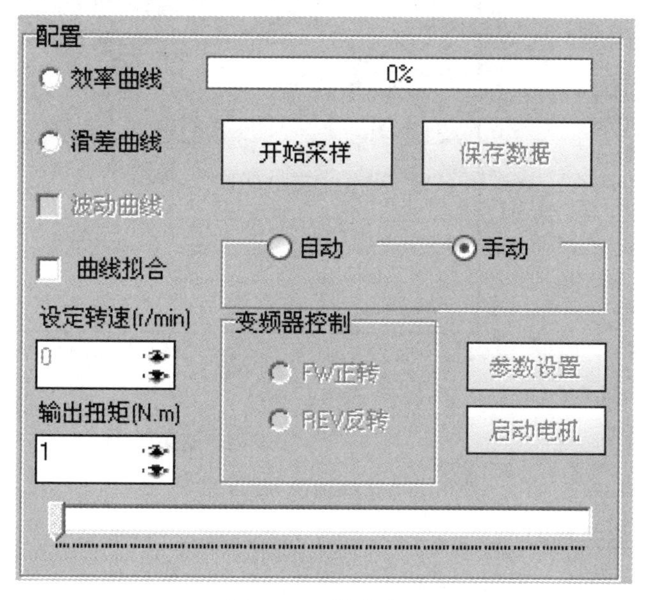


图 14.13　模式选择

## 5. 设置参数，启动电机

在自动模式下设置转速和变频器的转向，保存设置的参数后再启动电机，这时系统会自动采集参数和控制变频器输出的转速。

在手动模式下，只需要点击“开始采样”就可采样数据了。

## 6. 控制输出转矩

用户通过调控扭矩控制条来控制磁粉制动器的输出扭矩，如图 14.14 所示。

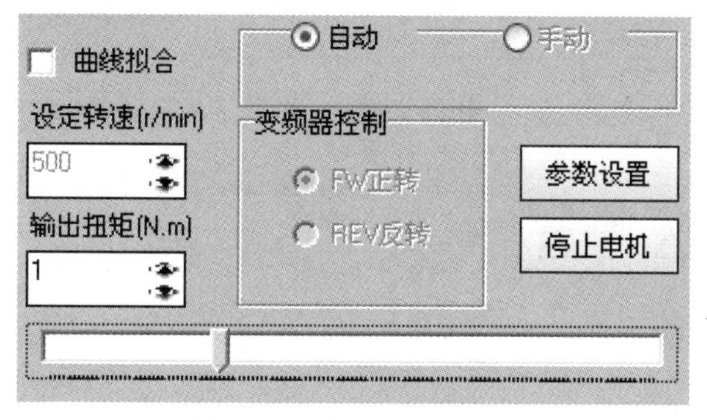


图 14.14　输出扭矩的控制

## 7. 保存数据，显示曲线，拟合曲线

用户可以通过点击“保存数据”按钮来保存一组当前采集到的实验数据，当用户采集到一定量的数据时，可以通过选择图 14.15(a)所示的选项来显示曲线以及拟合曲线，显示结果如图 14.15(b)所示。

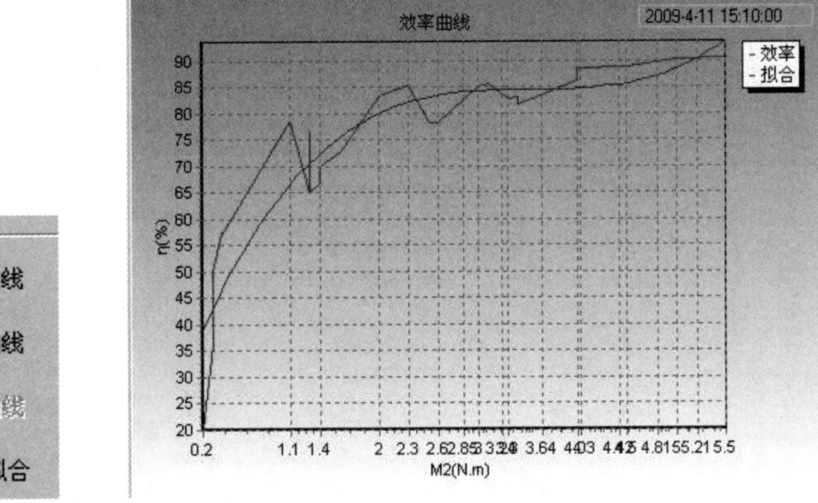


(a) 曲线选项　　　　(b) 显示结果

图 14.15　曲线选项与显示结果

## 8. 保存实验数据并打印

用户完成一个实验后，可以保存所有实验数据并打印实验报告，如图 14.16 所示。

信息

| No | N1 | M1 | N2 | M2 | K1 | K2 | η | I | TN1 |
|---|---|---|---|---|---|---|---|---|---|
| 1 | 292 | 4.1 | 292 | 3.4 | 1197 | 993 | 82.93 | | |
| 2 | 235 | 4.7 | 238 | 4 | 1104 | 952 | 86.19 | | |
| 3 | 281 | 4.1 | 277 | 3.4 | 1152 | 942 | 81.75 | | |
| 4 | 296 | 3.5 | 294 | 3 | 1036 | | | | |
| 5 | 315 | 3.3 | 313 | 2.6 | 1039 | | | | |
| 6 | 333 | 2.7 | 333 | 2.3 | 899 | | | | |
| 7 | 342 | 2.4 | 341 | 2 | 821 | | | | |
| 8 | 352 | 2.1 | 352 | 1.4 | 739 | | | | |
| 9 | 365 | 1 | 363 | 0.3 | 365 | | | | |
| 10 | 377 | 1 | 377 | 0.2 | 377 | | | | |

前一条记录 (U)
下一条记录 (V)
保存数据 (W)
删除当前记录 (X)
清空记录 (Y)
刷新 (Z)

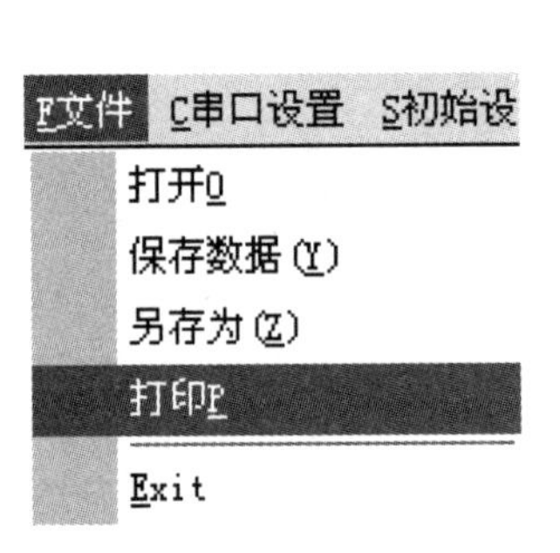


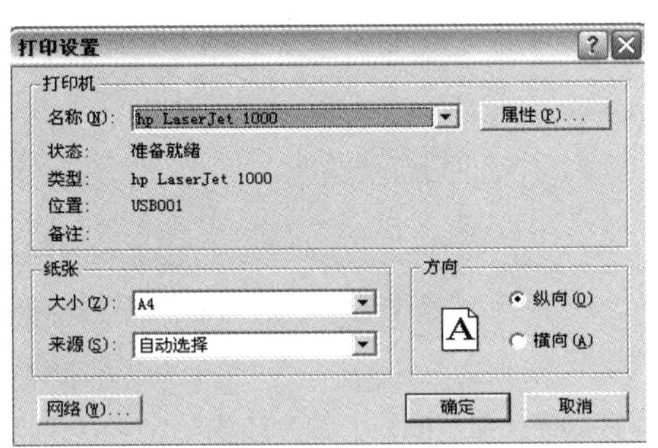


图 14.16　数据保存及打印

## 9. 复位

当用户完成本实验后，要重新开始做实验，可以通过复位操作来清除当前数据，复位前应先保存好前一次实验的数据，以免造成损失。

10. 退出系统

用户完成实验后，需要正确退出系统。退出系统的步骤是：点击“文件”菜单下的“Exit”子菜单，如图 14.17(a)所示，回到如图 14.17(b)所示的系统登录界面。

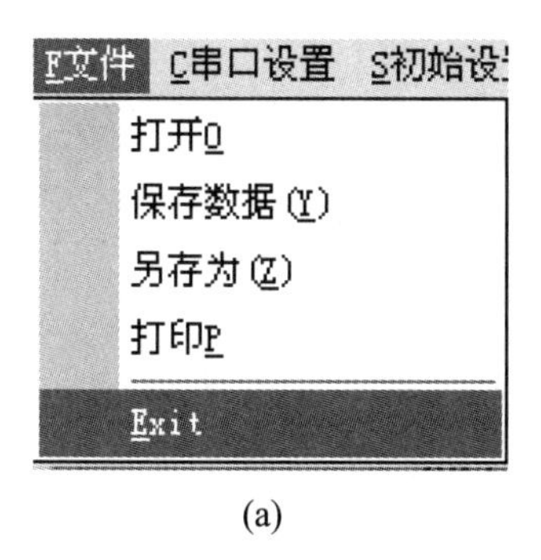


(a)

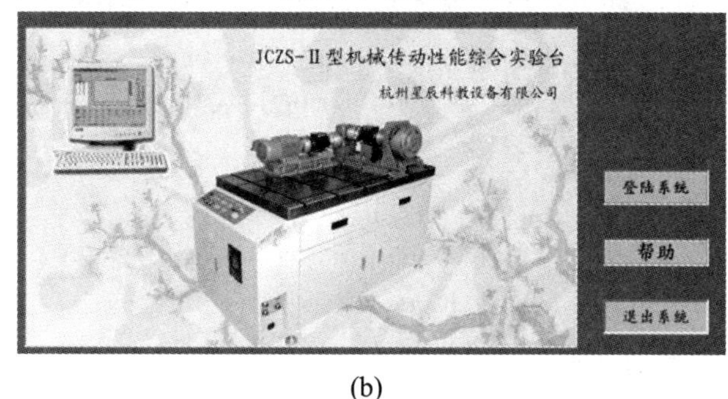


(b)

图 14.17　退出系统

## 五、实验内容

(1) 自主设计满足要求的机械传动系统，写出实验方案。

(2) 按照所设计传动系统的组成方案在综合实验台上搭接机械传动性能综合测试系统，并进行主电机转速一定、载荷变化的性能测试，绘制性能参数曲线(转速曲线、转矩曲线、传动比曲线、功率曲线及效率曲线等)。

(3) 根据测试结果分析传动系统设计方案。

## 六、实验注意事项

(1) 搭接实验装置前应仔细阅读本实验台的说明书，熟悉各主要设备的性能、参数及使用方法，正确使用仪器设备及实验专用软件

(2) 搭接实验装置时，由于电动机、被测试传动装置、传感器、加载器的中心高度不一致，因此搭接时应选择合适的垫板、支撑座、联轴器，调整好设备的安装精度，以保证测试的数据精确。

(3) 在搭接好实验装置后，用手转动电机轴，如果装置运转灵活，便可接通电源，否则应仔细检查并分析造成运转不灵活的原因，并重新调整装配，直到运转灵活。

(4) 本实验台采用风冷却磁粉制动器方式，其表面温度不能超过 80℃，实验结束后应及时卸除负载。

(5) 在施加实验负载时，无论手动方式还是自动方式，都应平稳加载，最大负载不得超过实验的额定值。

(6) 无论做何种实验，都应先启动主电机，后加负载，严禁先加载，后启动主电机。

(7) 在实验过程中，如遇到电机转速突然下降或者出现不正常噪声或振动，都应按下紧急停车按钮，防止烧坏电机或发生其它意外事故。

(8) 变频器在出厂前所有参数均已设置好，无须更改。

# 实验十五　滚动轴承综合性能测试分析

## 一、实验预习

(1) 滚动轴承有哪些种类？

(2) 滚动轴承的组成？

(3) 滚动轴承的工作原理？

## 二、实验目的

(1) 了解在轴向和径向载荷作用下滚动轴承的径向载荷分布及变化情况，轴向载荷对滚动轴承径向载荷分布的影响。

(2) 通过测试并计算滚动轴承组内部径向载荷、轴向载荷，使学生了解滚动轴承设计计算的方法。

## 三、实验设备与工具

(1) 滚动轴承：2 种(圆锥滚子轴承、深沟球轴承)。

(2) 可移动的滚动轴承座：1 对。

(3) 滚动轴承径向载荷加载装置(作用点位置可在 0～130 mm 内任意调节)：1 套。

(4) 滚动轴承径向载荷传感器(精度等级 0.05，量程 5000 N)：1 个/台。

(5) 轴向载荷传感器(量程 5000 N)：2 个/台。

## 四、实验原理

(1) 左、右滚动轴承座可轴向移动，并装有轴向载荷传感器，通过计算机或数显测试并计算单个滚动轴承轴向载荷与总轴向载荷的关系。

(2) 左滚动轴承上装有 8 个径向载荷传感器，通过计算机或数显测绘滚动轴承在轴向、径向载荷作用下轴承径向载荷分布变化情况。

(3) 通过计算机直接测量轴承滚子对外圈的压力及变化情况，并绘制轴承滚动体受载荷变化曲线。

## 五、实验方法与步骤

(1) 选定一对实验轴承，本实验装置提供向心球和圆锥滚子两种轴承，每一种轴承有大小型号各一种，出厂时已装配好。

(2) 首先应调整好左右轴向的受力支撑(称重传感器支座)位置，使端盖外伸与传感器刚好接触。

(3) 静态实验时需调节加载支座，使加载力的方向保持一定角度，并保持空载。

(4) 将测力环及传感器的检测点接至检测系统对应的接口。

(5) 打开电源，使检测系统处于工作状态。

(6) 将检测系统与 PC 机串行口相连，并打开分析界面。

(7) 以上准备工作完成后，打开操作面板上的电源开关然后调零。

① 在操作面板上按“上翻”键获取对应通道后再按“置零”键，将当前的数据变为“000”，3 个称重传感器即键盘上的(F1、F2、F3)只需一个置零即可。

② 通过系统软件测试界面上的“置零”键调零。

(8) 当 17 个通道全部置零后，用手转动手轮加载到 100 kg 以上，观察并记录各测量点数据(记录滚动体经过弹片中点时的力值)。

(9) 改变加载力和加载角度，重复上述操作过程。

(10) 实验完成，卸下载荷并关闭电源。

## 六、实验内容

滚动轴承径向载荷分布及变化实验，测试在总轴向和径向载荷作用下，滚动轴承径向载荷分布及变化情况，并做出载荷分布曲线。

每 2～3 人一组，每人一份实验报告。实验前选定好滚动轴承综合性能测试分析实验方案，写出预习报告。

实验后，拆卸零部件，整理实验台，物还原位。

# 实验十六　饼丝机重组设计实验

## 一、实验预习

(1) 机构具有确定运动的条件是什么?
(2) 齿轮连续传动的条件是什么？
(3) 渐开线齿轮正确啮合的条件是什么？
(4) 什么是齿轮根切以及如何防止根切现象的发生？

## 二、实验目的

(1) 了解机器的组成和工作原理。
(2) 了解机器的主要零部件结构，并测试其参数。
(3) 分析机器轴系零件的定位方式和支承方式。
(4) 学会分析机器的不足之处，并提出改进措施。

## 三、实验设备与工具

小型家用饼丝机或其它适合拆装的小型机器。

## 四、实验原理

小型手摇家用饼丝机是通过手柄带动负载轴转动，负载轴的另一末端成齿状与齿轮外啮合。齿轮与轴相互配合，带动轴的转动，在该轴的末端安装一对外啮合的齿轮。在加工饼丝时，先用刀把面团切成小于入料口尺寸的长条放在入料口，手摇饼丝机开始工作时，左手辅助送料即可加工成饼条。

## 五、实验方法与步骤

(1) 观察机器的工作过程。
(2) 拆卸外端的开式齿轮，观察并记录齿轮的定位方式，测绘齿轮的参数。
(3) 拆卸端盖和轴承，观察并记录轴的定位方式，测绘轴系的结构，绘制轴系的结构图。
(4) 分析轴承种类和选用润滑方式，分析各零部件的装配关系和支架结构的关系。

(5) 填写实验报告。

(6) 按拆卸的相反顺序将所有零件安装到位，分析各零部件的装配关系与支架结构的关系。

(7) 检查机器工作是否正常。

(8) 将拆卸工具回收原处。

## 六、实验内容

(1) 通过观察了解机器的组成结构和功能。

(2) 测绘主要零部件的几何参数，并绘制其结构简图。

(3) 分析各轴系的定位方式和支承方式。

(4) 计算机器的工作节拍，找出机器的薄弱环节，并提出改进方案。

# 实验十七　减速器拆装实验

## 一、实验目的

(1) 熟悉减速器的结构，了解减速器各零件的结构、相互位置和用途，减速器中齿轮与轴承的润滑方法等，为减速器的课程设计增进感性认识。

(2) 巩固和加深课堂讲授的有关轴的结构设计和轴承组合设计的基本内容，为合理设计轴系部件积累实践知识。

## 二、实验设备与工具

(1) 齿轮减速器一台。

(2) 双头呆扳手一套。

(3) 300 mm 钢板尺一把。

(4) 游标卡尺一把。

(5) 装小零件的零件盒一个。

(6) 实验时必须自带铅笔、橡皮、直尺、计算器和坐标纸一张(幅面尺寸为 210 × 297 mm)。

## 三、实验方法与步骤

### 1. 拆卸减速器

(1) 拆卸减速器时首先拧下固定轴承端盖的螺钉，再取下轴承端盖及垫片。

(2) 开启箱盖之前先拔出定位销，然后借助起盖螺钉打开箱盖。

(3) 拆卸时要记录各零件的相互位置和拆卸顺序，以便装配时能顺利归位，小零件宜放在铁盘内，以防丢失。

(4) 如遇零件拆卸不下或装不上的情况，切忌用力敲打，应仔细分析检查原因，或与指导教师联系，以免损坏设备。

### 2. 观察减速器、附件

(1) 在观察铸造箱体结构时，要了解凸缘的宽度、轴承旁凸台的高度，加强筋的作用和位置、拔模斜度、箱体断面的结构，吊耳的形状及位置、窥视孔的大小及位置等。

(2) 在观察箱体连接时，要了解各种螺栓、螺钉的结构、尺寸、布置和防松方法，箱体连接螺栓的正安装和反安装各用于何种情况、扳手空间的尺寸要求、鱼眼坑的大小及深度、定位销和起盖螺钉的结构和布置等。

(3) 在观察减速器的润滑系统时，要注意油路的走向、位置及加工方法，润滑轴承对端盖的要求。注油、示油、排油的方法、位置及装置，挡油板的形状及安装方法，通气孔的结构和用途，箱体的密封要求和方法等。

### 3. 确定减速器的性能参数

(1) 通过简单的测量、计算，确认并填写表 17.1 所列各主要特性参数。

**表 17.1　减速器参数**

| 参数名称 | 二级减速器 | | 单级减速器 |
|---|---|---|---|
| | 高速级 | 低速级 | |
| 中心距 $a$ | $a_f=$ | $a_s=$ | $a=$ |
| 传动比 $i$ | $i_f=$ | $i_s=$ | $i=$ |
| 模数 $m_n$ | $m_{nf}=$ | $m_{ns}=$ | $m_n=$ |
| 齿数 $z$ | $z_{f1}=$<br>$z_{f2}=$ | $z_{s1}=$<br>$z_{s2}=$ | $z_1=$<br>$z_2=$ |
| 螺旋角 $\beta$ | $\beta_f=$ | $B_s=$ | $\beta=$ |

(2) 简要说明下列零部件的作用：

定 位 销______________________________。

通 气 孔______________________________。

游　　标______________________________。

油　　塞______________________________。

起盖螺钉______________________________。

观 察 孔______________________________。

挡 油 板______________________________。

(3) 说明下列零部件润滑或密封方式：

轴承润滑方式为______________________________。

齿轮润滑方式为______________________________。

伸出轴的密封形式为______________________________。

上、下箱体结合面的密封是通过________________、________________来实现。

### 4. 观察轴系部件

(1) 了解轴上零件的径向固定和轴向固定的方法，轴系部件的装配顺序。

(2) 滚动轴承的安装和拆卸方法。

(3) 为保证轴上零件拆装、定位及轴的工艺性，在轴的结构设计方面应采取哪些措施？

(4) 轴划分各阶段的意义，对各阶段轴的精度、配合、表面粗糙度等方面有不同要求。

### 5. 绘制轴系部件的结构草图

(1) 只画与轴承有关的结构，轴上的齿轮、滚动轴承等可采用简化画法。

(2) 标注出与装配相关的尺寸，如轴的全长、轴的各段直径和长度、键和滚动轴承的装配尺寸，标注时不必考虑尺寸链及累计误差问题。

(3) 按绘制比例为 1∶1，在坐标纸上绘制轴系部件结构草图。

(4) 绘好后当场交给实验指导教师。

**6. 观察减速器润滑**

本实验所用减速器为JQZ系列二级圆柱齿轮减速器，其特征参数为：中心距$a = 250$ mm ($a_f = 100$ mm，$a_s = 150$ mm)，传动比 $i = 27.32(i_f = 3.07$，$i_s = 4.5)$，齿数 $z_{f1} = 14$，$z_{f2} = 85$，$z_{s1} = 18$，$z_{s2} = 81$，模数 $m_{nf} = 2$ mm，$m_{ns} = 3$ mm，螺旋角 $\beta = 8°\ 06'34''$。

齿轮及滚动轴承采用 46 号机械油润滑，现以高速级大齿轮作为浸油齿轮，浸油深度 $h = 4.5$ mm，齿轮圆周速度 $v_f$ 与高速轴转速 $n_f$ 的关系应为

$$v_f = \frac{\pi d_1 n_1}{60 \times 1000} \tag{17.1}$$

式中：

$$d_1 = \frac{z_{f1} \cdot m_{nf}}{\cos\beta} = \frac{14 \times 2}{\cos 8°06'34''} = 28.28\text{mm}$$

则 $v_f = 1.48 \times 10^{-3} n_1$。

由式(17.1)可知，当 $n_1 = 1350$ r/min 时，齿轮圆周速度 $v_f$ 约为 2 m/s，这时低速齿圆周速度只有 0.635 m/s，则起不到润滑作用。

在观察飞溅润滑时，要注意了解以下几点。

(1) 润滑油开始飞溅时，浸油齿轮的圆周速度 $v_f$ 为多少？

(2) $v_f$ 达到 2 m/s 时，润滑油的飞溅状态如何？

(3) 当润滑油的黏度加大或减少时，飞溅状态会有什么变化？

(4) 观察由于小齿轮的轴向排油，对相邻滚动轴承的冲刷现象。

## 四、实验内容

(1) 观察减速器的整体结构。

(2) 拆开减速器，仔细观察及了解各零件、附件的结构、用途及相互位置关系。

(3) 确定减速器的主要特性参数。

(4) 观察各轴系部件的结构，了解并分析其中各零件的结构、作用和相互关系，以及安装、拆卸、固定、调整这些零件时对结构的要求等。

(5) 测量并绘制一张轴系部件的结构草图。

(6) 按拆卸相反的顺序装好减速器。

(7) 由指导教师演示减速器的润滑操作方法。

**补充知识**

二级同轴式圆柱齿轮减速器如图 17.1 所示。

(a)

(b)

图 17.1　二级同轴式圆柱齿轮减速器

二级展开式圆柱齿轮减速器如图 17.2 所示。

(a)

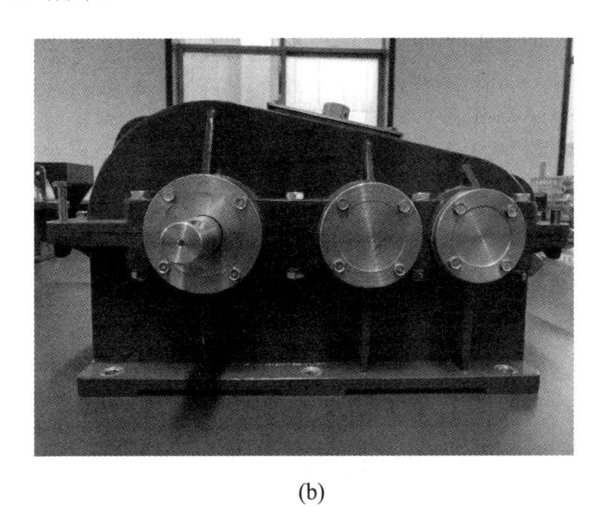

(b)

图 17.2　二级展开式圆柱齿轮减速器

# 实验十八　摩擦磨损实验

研究机器零件的摩擦和磨损是重要的，因为大多数机器及其零件均由于磨损而损坏。研究和测定摩擦副材料的性能及参数以减少其摩擦与磨损，对于节约能源，降低材料消耗，提高机械零件的使用寿命，具有十分重要的意义。

## 一、实验预习

(1) 摩擦磨损的基本原理是什么？
(2) 减小摩擦磨损的途径有哪些？
(3) 影响摩擦磨损的因素有哪些？

## 二、实验目的

(1) 掌握摩擦磨损测试技术。
(2) 了解摩擦磨损实验机的工作原理和使用方法。
(3) 了解在不同工作运转变量下摩擦系数的变化规律。
(4) 了解减小摩擦的途径。
(5) 培养对实验数据的分析和处理能力。
(6) 初步了解影响摩擦磨损过程的参数。

## 三、实验设备与工具

摩擦磨损实验用 MZJX-1 型磨损实验机如图 18.1 所示。

图 18.1　MZJX-1 型磨损实验机

实验前要先调节实验台和应变杆的平衡。用水平仪检测实验台是否水平，如果水平，可进行下一步操作；否则，必须先调节实验台的水平。

调节应变杆平衡的方法为，调节应变杆一端的平衡块，直到应变杆平衡为止。平衡的标准是应变杆另一端与实验台上被测试件处于似接触非接触的状态，主要通过肉眼观察。

## 四、实验原理

### 1. 摩擦力矩的测定

摩擦力矩等于试样半径与摩擦力的乘积，此摩擦力矩可用摆架来测量。进行实验时，可根据摩擦力矩的范围选用砝码，在摩擦力的作用下，摆架离开铅垂位置而仰起一定的角度，指针随之而移动。在可卸的标尺上指针所指的数值即为所测摩擦力矩的大小(标尺有四种刻度，它们都对应一定的力矩范围)。

为了调整不同的摩擦力范围，可在摆架上加上或卸下砝码。

### 2. 记录装置的描绘

在实验过程中，摩擦力矩的大小随试样表面磨损的情况而发生变化，描绘记录装置能自动描绘出摩擦力矩值的变化与摩擦行程长度之间的关系曲线。

### 3. 摩擦系数的测定

(1) 线接触实验(即滚动摩擦、滚动滑动复合摩擦实验)：

$$\mu=\frac{Q}{P}=\frac{T}{RP}$$

式中：$\mu$——摩擦系数；

$T$——摩擦力矩；

$Q$——摩擦力；

$P$——试样所承受的垂直负载；

$R$——下试样半径。

(2) $2\alpha$ 角接触实验(滑动摩擦实验)：

$$\mu=\frac{T}{RP}\times\frac{\alpha+\sin\alpha\cdot\cos\alpha}{2\sin\alpha}$$

式中：$\alpha$——上下试样之间的接触角；

$R$——下试样的半径。

## 五、实验方法与步骤

### 1. 实验前的准备

(1) 按照所选择的摩擦磨损实验方法，制作出合格的试样。本次实验所做的试样如图18.2和图18.3所示。

(2) 实验机在运转前用手轻转内齿轮，以检查实验机各部分是否处于正常状态，防止在销子，螺钉未取出情况下进行实验，引起实验机的破坏。

(3) 在开动实验机时，先扭转开关接通电源，然后一手按开关按钮，另一只手拉住摆架下端或推着摆架的上端，以防摆架产生大的冲击损坏实验机。

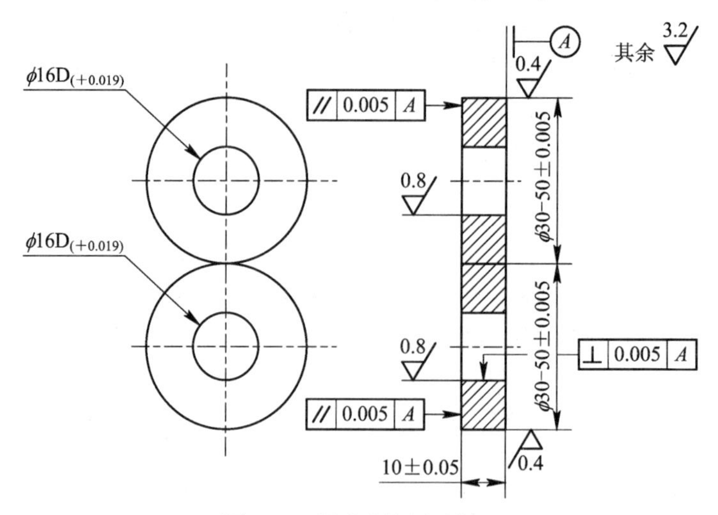


图 18.2　滑动摩擦用试样 1

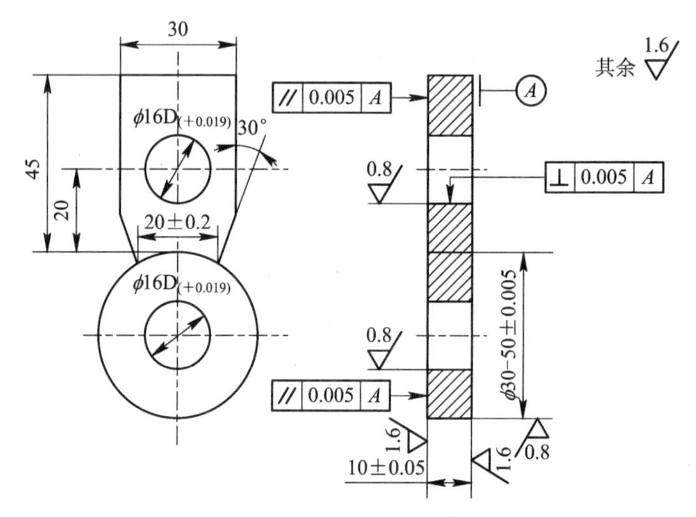


图 18.3　滑动摩擦用试样 2

## 2. 滑动摩擦实验

(1) 装上滑动摩擦实验用试样，圆盘试样装在下轴。

(2) 将滑动齿轮向右移至中间位置，并用螺钉紧固，同时用销子将齿轮固定在摇摆头上。

(3) 将螺帽松开，用螺杆将滚子提起，在偏心轮最高点脱开，直至两试样接触为止，然后紧固螺帽。

(4) 确定欲施加的压力负荷，选用相应范围的弹簧和标尺，在施加压力后，调整螺钉，使弹簧长杆离开座平面 2～3 mm。

(5) 根据摩擦力矩的大小，选相应范围的摩擦力矩标尺和重砣，并使力矩标尺的指针对正零位。在对零位时，应先将标尺的摇摆头掀起，开车后再调整平衡块对正零位。

(6) 小滚轮通过松开拨叉上的螺钉移动轴调整到摩擦盘的中心，使其空转时，小滚轮不转。

(7) 连接上使描绘筒转动的小齿轮，并把记录纸贴在描绘筒上，注意描绘筒转动时，不要使描绘笔画到描绘纸重叠处。

(8) 根据实验的需求记下计数器的转数(因计数器不能复零)，并把刻度盘调整到零位。

(9) 做湿摩擦实验时，在两试样的上方装上油杯，对试样进行润滑。

(10) 以上工作完毕后，搬动摇摆头使两试样接触，调整螺帽和螺钉使负荷标尺的指针对准到零位，确定实验的速度后，即可开车，施加负荷，进行实验。

### 3. 滚动摩擦实验

(1) 装上滚动摩擦实验用试件。

(2) 将销子拔出，使试样带动上试样滚动。

(3) 将螺帽松开，用键将偏心轮调整到零位(即不偏心)，然后将螺帽紧固。

(4) 将滑动齿轮向左移至中间位置，并用螺钉紧固。其余操作参照滑动摩擦实验(5)～(10)进行。

### 4. 滚动滑动摩擦实验

(1) 将销子拔出，将滑动齿轮移至左端位置，并用螺钉紧固，使其与齿轮啮合。

(2) 松开螺帽，用键将偏心轮调整到零位(即不偏心)，然后将螺帽紧固。其余操作参照滑动摩擦实验。

## 六、实验内容

(1) 测定不同载荷(10 kg、50 kg、100 kg、150 kg)在不同速度时滑动摩擦的摩擦系数。

(2) 测定不同载荷(10 kg、50 kg、100 kg、150 kg)在不同速度时滚动摩擦的摩擦系数。

(3) 测定滚动、滑动复合摩擦的摩擦系数。

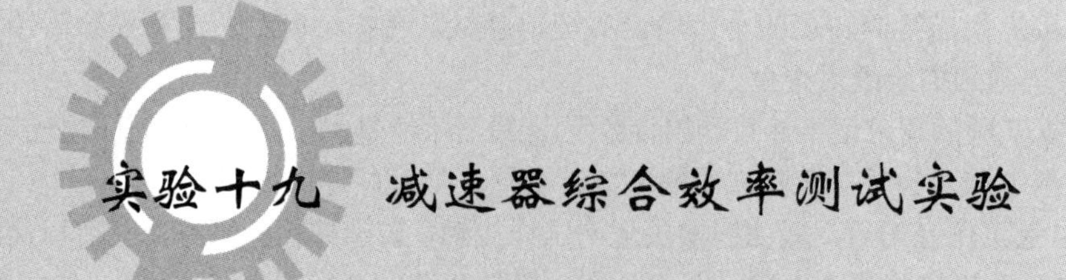

# 实验十九　减速器综合效率测试实验

## 一、实验预习

(1) 减速器的工作原理是什么？

(2) 影响减速器效率的因素有哪些？

(3) 轴承损耗如何测量？

(4) 影响减速器搅油损耗的因素有哪些？

## 二、实验目的

(1) 了解并掌握减速器效率、轴承损耗和搅油效率的计算方法。

(2) 掌握减速器扭矩、转速的测量方法。

(3) 了解并掌握轴承温度、油温的测量方法。

## 三、实验设备与工具

减速器综合实验台、计算机。

## 四、实验原理

减速器综合实验台如图 19.1 所示。伺服电机 7、扭矩传感器 6 和减速器 1 输入轴之间用联轴器连接，伺服电机 7 驱动实验台运行，是整个实验台的调速系统。磁粉制动器 8、扭矩传感器 6 和减速器 1 输出轴之间用联轴器连接，其中磁粉制动器 8 是加载部件。扭矩传感器 6 用来测量输入轴和输出轴的扭矩和转速。步进电机 9 与滚珠丝杠 10 用联轴器连接，步进电机 9 驱动滚珠丝杠转动，同时带动活动挡板 2 和 4 与直线导轨 11 上的滑块移动，并且可改变小齿轮 3 和大齿轮 12 端面到活动挡板 2 和 4 之间的距离，即箱体的结构尺寸发生变化。观察并计算在不同箱体结构尺寸下，减速器的效率和搅油损耗是否发生变化。图 19.2 中，温度传感器 1 和 2 分别安装在输入轴和输出轴的轴承上，用来测量轴承的温度变化，根据轴承的温升即可确定轴承的损耗。减速器的油箱中有一个温度传感器，是用来测量油温变化的。根据油温变化可最终确定减速器的搅油损耗。

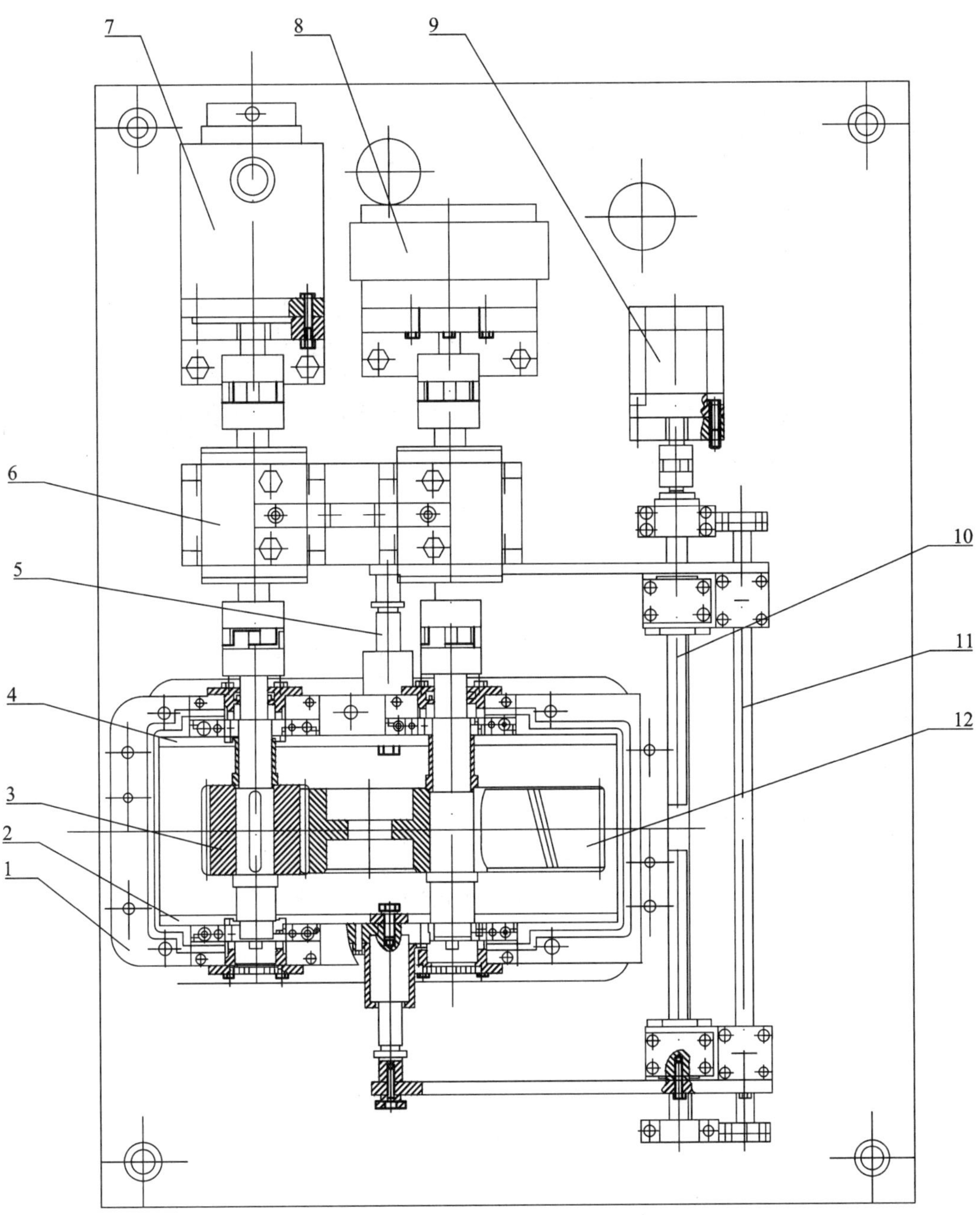


1—减速器；2—活动挡板；3—小齿轮；4—活动挡板；5—导向件；6—扭矩传感器；7—伺服电机；8—磁粉制动器；

9—步进电机；10—滚珠丝杠；11—直线导轨；12—大齿轮

图 19.1　减速器综合实验台简图(俯视图)

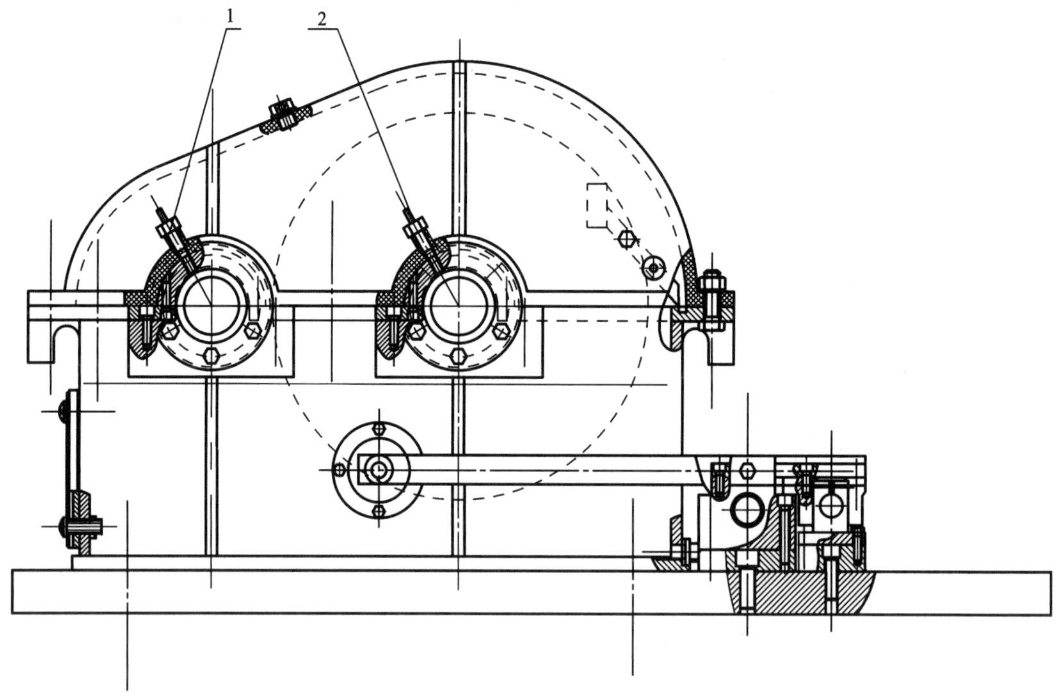


1，2—温度传感器

图 19.2　减速器综合实验台简图(主视图)

本实验台与计算机连接，实验台配有专用的实验软件“减速器综合实验台”。

## 五、实验方法与步骤

### 1. 准备工作

(1) 将实验台与计算机连接。

(2) 用手转动联轴器，要求联轴器转动灵活。

(3) 检查控制面板上的电源开关是否处于“关”的位置。

(4) 插上电源线。

### 2. 进行实验

(1) 接通实验台电源，打开控制面板上的电源开关。

(2) 启动计算机，进入实验软件界面。

(3) 启动伺服电机，在实验软件界面逐步改变伺服电机的转速值和磁粉制动器的加载值。

(4) 将磁粉制动器载荷设定为某一定值，从小到大调节伺服电机的转速，采集扭矩传感器的转速和扭矩。

(5) 将伺服电机的转速保持恒定，从小到大调节磁粉制动器的载荷，采集扭矩传感器的转速和扭矩。

(6) 计算减速器在不同转速和不同载荷下的减速器效率。

(7) 当齿轮端面与挡板之间的距离为 30 mm 时，齿轮输入转速为 2000 r/min，磁粉制动器载荷为 7 N · m，记录扭矩传感器和温度传感器的实验数据。关闭伺服电机，转动步进电机，改变齿轮端面到活动挡板的距离为 10 mm，即使箱体结构尺寸发生改变，在同样条件下采集实验数据并记录。

(8) 观察软件界面减速器效率和搅油损耗是否发生变化。

(9) 改变润滑油的黏度，重做实验，观察减速器的效率和搅油损耗是否发生变化。

## 六、实验内容

(1) 当减速器在一定转速时，改变输出负载的大小，测定齿轮传动系统的输入功率 $P_1$ 和相应的输出功率 $P_2$，从而得到其传动效率 $\eta_1 = \frac{P_2}{P_1}$。功率是通过测定其扭矩 $T$ 和转速 $n$，根据公式 $T = \frac{9550P}{n}$ 求得的。

(2) 当减速器在一定负载下工作时，改变输入轴的转速大小，测定齿轮传动系统的输入功率 $P_1$ 和相应的输出功率 $P_2$，也可得到其传动效率 $\eta_1 = \frac{P_2}{P_1}$。

(3) 改变齿轮端面与挡板之间的距离，减速器在相同转速和负载下工作时，测定齿轮传动系统的输入功率 $P_3$ 和相应的输出功率 $P_4$，从而得到其传动效率 $\eta_2 = \frac{P_4}{P_3}$。比较 $\eta_1$ 和 $\eta_2$，并观察减速器效率的变化。

(4) 观察实验软件界面温度、减速器效率、轴承损耗和搅油损耗的变化，并记录这些数据，对数据进行分析并确定其影响因素。

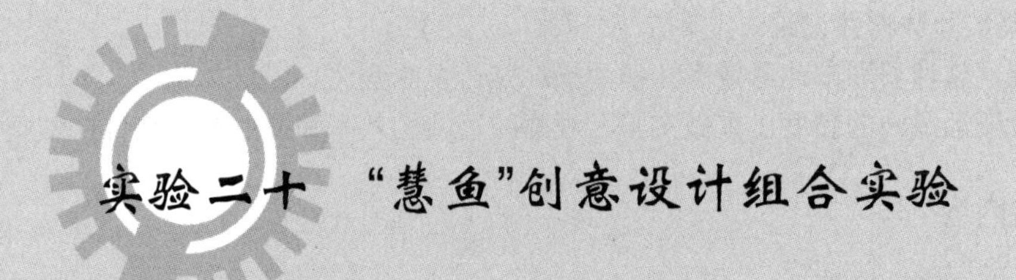

# 实验二十 “慧鱼”创意设计组合实验

## 一、实验预习

(1) 什么是“慧鱼”组合模型，了解其功能及包含的各种硬件。
(2) 了解“慧鱼”模型控制软件及编程方法。
(3) 选择设计题目，完成机器的方案设计，确定其原理方案图。

## 二、实验目的

“慧鱼”创意模块是一种由标准模块随意组装构成的，可用程序控制的机电一体化教学实验装置。它可组装成多种类型、多种型号和功能的机器模型，如工业机器人、移动机器人、气动机器人、带传感器的机器模型以及计算机中的常用机构模型等。

通过本实验，可以达到以下目的：

(1) 认识和了解机器的一般构成和原理。
(2) 了解所组装的机器模型的工作原理，以及其在工业中的实际用途。
(3) 加深对机器模型的机械传动、计算机控制和机电一体化装置的感性认识。
(4) 锻炼动手和协作能力，并培养逻辑思维和开拓创新的意识。
(5) 熟悉“慧鱼”模型的各个模块，了解机器人的基本结构。
(6) 能够运用计算机进行编程，合理控制“慧鱼”机器人的运动。

## 三、实验设备与工具

(1) “慧鱼”创意模型组合包。
(2) “慧鱼”专用电源。
(3) 个人计算机。
(4) “慧鱼”专用智能接口板。
(5) LLWin 应用软件。

## 四、实验原理

学生在做实验时，可以根据实验的具体要求，对一种机器进行方案设计，要求了解所设计机器的工作原理，绘制详细的结构图，并讨论方案的可行性。在征得指导教师同意后，利用相应的“慧鱼”模型组合包中的搭接零件将设计的方案按比例组装成实物模型，然后通过编程用计算机或 PLC 控制所搭接模型模拟真实工况，进行动态演示，并可直观调整搭接实物模型验证并改进设计方案。

## 五、实验方法与步骤

### 1. 方案设计

根据设计题目要求进行方案设计，要求绘制详细的结构图，了解所设计机器的工作原理，并讨论方案的可行性。

### 2. 准备工作

领取设计的实验模型零部件和装配手册，按照手册清点零件种类及数量，认真阅读装配说明书。

### 3. 机械装配

按照装配说明书上所示的步骤进行模型组装。注意：每安装一个零部件都需要进行验证，以确保安装的正确性，直到实验模型安装结束。

### 4. 控制电路安装

按照说明书中的要求，将电线按规定长度剪开，接上插头(注意接线和插头的颜色应一一对应)，然后按照各模块的布线图接好电路。

### 5. 控制接口板安装

将控制接口部件按照要求与计算机的串行口相连(建议用 COM1)，并将控制接口部件接通电源(9 V 变压器或电池盒电源)。

启动 LLWin 应用软件(注意：工业机器人和移动机器人使用 LLWin3.0 版本，机构模型使用 LLWin2.1 版本，气动机器人使用专用的气动机器人程序)，在 LLWin 界面的工具栏中选择 Check Interface 项，逐一测试各项输入(开关、传感器等)和输出(电动机、灯、电磁铁等)，确保其正常工作。

### 6. 控制程序编制

控制程序可直接使用 LLWin 软件中提供的程序，也可自行编制程序。用程序控制创意模块运行的方式有两种：在线控制和下载控制。

(1) 在线控制。将控制板接上电源和数据线，打开程序，选择主菜单中的 Run 命令，点击 Start 运行程序，即可实现以计算机直接控制机器模型的在线控制模式。

(2) 下载控制。将控制板接好电源及数据线，打开程序，选择工具栏中的 DownLoad，将程序写入控制板上的 RAM。下载完成后拔出数据线，即可实现自动控制的下载控制模式。

### 7. 调试和模拟运行

首先进行程序单步调试，确认无误后开始控制程序的模拟运行。

## 六、实验内容

“慧鱼”创意设计实验以培养学生的机械创意设计能力和工程实践能力为主线，旨在启发学生的创新思维能力和创新意识，提高学生综合利用所学知识解决实际问题的能力及动手能力。

(1) 学生在做实验时，可以根据具体的题目要求进行方案设计，要求绘制详细的结构图，了解所设计机器的工作原理，并讨论方案的可行性。

自我设计模型的主要目标如下：

① 新颖性：模型的构思要新颖独特。

② 实用性：模型要有一定的实际意义，最好能从生活的观察中选题。

③ 功能性：模型实现的功能要有一定的可靠性。

④ 巧妙性：某些地方能够体现巧妙的构思。

(2) 在征得指导教师同意后，将自己设计的方案按比例组装成实物模型。

(3) 通过 LLWin 软件编程用计算机或 PLC 控制所搭接模型模拟真实工况，进行动态演示，完成规定的功能，并进行直观调整，验证、改进设计方案。

实验要求如下：

(1) 小组所有同学都应轮流动手组装自己设计的机器。

(2) 了解机器的一般构成原理，能按照装配图正确组装机器，并实现程序规定的各种动作。

(3) 学生要能自主完成控制程序的编制并模拟运行。

## 七、实验注意事项

(1) 每个同学均有义务保管好每一个零件，尤其是细小零件，以免丢失。

(2) 组装机器的过程中，应认真观察零件的安装方法，切勿强行装拆，以免塑料件发生断裂或变形。

(3) 在电路安装完成后，应反复检查并确定安装正确后才能通电。

附
录

# 附录 1　JXCZ-JY 机构基础实验创意搭接实训平台零件清单

| 序号 | 编号 | 名称 | 材料 | 数量 |
|---|---|---|---|---|
| 01 | 2 | 65 mm | 铝 | 1 |
| 02 | 8 | 115 mm | 铝 | 1 |
| 03 | 12 | 148 mm | 铝 | 1 |
| 04 | 5 | 120 mm | 铝 | 1 |
| 05 | 10 | 117 mm | 铝 | 1 |
| 06 | 13 | 174 mm | 铝 | 1 |
| 07 | 3 | 93 mm | 铝 | 1 |
| 08 | 15 | 103 mm | 铝 | 1 |
| 09 | 26 | 撑板 | 铝 | 1 |
| 10 | 35 | 垫脚(27.5 mm) | 铝 | 2 |
| 11 | 16 | 移动滑块 | 铝 | 1 |
| 12 | 17 | 固定滑块 | 铝 | 1 |
| 13 | 40 | 偏心轮连杆 | 铝 | 1 |
| 14 | 41 | 偏心轮 | 铝 | 1 |
| 15 | 14 | 方形滑块 | 铝 | 1 |
| 16 | 20 | 225 mm | 铝 | 1 |
| 17 | 4 | 95 mm | 铝 | 1 |
| 18 | 11 | 135 mm | 铝 | 1 |
| 19 | 36 | 190 mm | 铝 | 1 |
| 20 | 22 | 正弦机构滑块 | 铝 | 1 |
| 21 | 37 | 正弦机构滑杆 | 铝 | 1 |
| 22 | 28 | 椭圆仪支架 | 铝 | 1 |
| 23 | 1 | 55 mm | 铝 | 1 |
| 24 | 21 | 椭圆仪摆杆(90 mm) | 铝 | 1 |
| 25 | 7 | 椭圆仪滑块 | 铝 | 2 |
| 26 | 31 | 垫脚(20.5 mm) | 铝 | 3 |
| 27 | 30 | 带丝圆柱垫脚 | 铝 | 1 |
| 28 | 34 | 垫脚(5 mm) | 铝 | 2 |
| 29 | 6 | 190 mm | 铝 | 1 |

**续表一**

| 序号 | 编号 | 名称 | 材料 | 数量 |
|---|---|---|---|---|
| 30 | 9 | 120 mm | 铝 | 1 |
| 31 | 39 | 260 mm | 铝 | 1 |
| 32 | 32 | 垫脚(29 mm) | 铝 | 2 |
| 33 | 42 | 170 mm | 铝 | 1 |
| 34 | 43 | 115 mm | 铝 | 1 |
| 35 | 44 | 尖顶推杆 | 铝 | 1 |
| 36 | 46 | 支座 | 铝 | 1 |
| 37 | 51 | 平底推杆 | 铝 | 1 |
| 38 | 48 | 移动滑块 | 铝 | 1 |
| 39 | 49 | 滚子推杆 | 铝 | 1 |
| 40 | 50 | 滚子 | 铝 | 1 |
| 41 | 97 | 移动滑块垫块 | 铝 | 1 |
| 42 | 53 | 盘形(封闭)凸轮 | 铝 | 1 |
| 43 | 55 | 尖顶摆杆 | 铝 | 1 |
| 44 | 56 | 滚子摆杆 | 铝 | 1 |
| 45 | 57 | 滚子 | 铝 | 1 |
| 46 | 54 | 平底摆杆 | 铝 | 1 |
| 47 | 59 | 封闭凸轮推杆 | 铝 | 1 |
| 48 | 98 | 封闭凸轮机构垫块 | 铝 | 1 |
| 49 | 61 | 小齿轮($m = 3, z = 26$) | 铝 | 1 |
| 50 | 62 | 大直齿轮($m = 3, z = 40$) | 铝 | 1 |
| 51 | 63 | 小齿轮($m = 3, z = 18$) | 铝 | 1 |
| 52 | 64 | 内齿圈($m = 3, z = 48$) | 铝 | 1 |
| 53 | 65 | 内齿圈盖板 | 透明有机玻璃 | 1 |
| 54 | 72 | 内齿圈($m = 2, z = 90$) | 铝 | 1 |
| 55 | 74 | 支架 | 铝 | 1 |
| 56 | 75 | 行星架 | 铝 | 1 |
| 57 | 76 | 行星齿轮($m = 2, z = 30$) | 铝 | 4 |
| 58 | 66 | 针轮圆盘 | 铝 | 1 |
| 59 | 67 | 双偏心轴 | 铝 | 1 |
| 60 | 68 | 摆线齿轮 | 铝 | 2 |
| 61 | 69 | 针轮 | 铝 | 1 |

续表二

| 序号 | 编号 | 名称 | 材料 | 数量 |
|---|---|---|---|---|
| 62 | 71 | 针轮固定套 | 铝 | 12 |
| 63 | 73 | 针轮圆盘 | 有机玻璃 | 1 |
| 64 | 77 | 外接式棘轮 | 铝 | 1 |
| 65 | 78 | 棘爪 | 铝 | 2 |
| 66 | 79 | 棘轮摆杆 210 mm | 铝 | 1 |
| 67 | 89 | 内棘轮 | 铝 | 1 |
| 68 | 90 | 棘爪 | 铝 | 1 |
| 69 | 91 | 驱动圆盘-轴组件 | 铝 | 1 |
| 70 | 99 | 止动棘爪 | 铝 | 1 |
| 71 | 94 | 矩形棘轮 | 铝 | 1 |
| 72 | 96 | 双向棘爪 | 铝 | 1 |
| 73 | 92 | 双动式棘爪 | 铝 | 2 |
| 74 | 93 | 棘轮摆杆 140 mm | 铝 | 1 |
| 75 | 85 | 外槽轮拔盘 | 铝 | 1 |
| 76 | 86 | 外槽轮拔杆 | 铝 | 1 |
| 77 | 87 | 外槽轮拔销 | 铝 | 1 |
| 78 | 88 | 外槽轮 | 铝 | 1 |
| 79 | 80 | 内槽轮 | 铝 | 1 |
| 80 | 81 | 内槽轮拨杆 | 铝 | 1 |
| 81 | 83 | 主动不完全齿轮 | 铝 | 1 |
| 82 | 84 | 从动不完全齿轮 | 铝 | 1 |
| 83 | P | 面板 | 铝 | 1 |
| 84 | 100 | 支撑脚 | 铝 | 2 |
| 85 | | 1 号轴 | 铝 | 3 |
| 86 | | 2 号轴 | 铝 | 1 |
| 87 | | 3 号轴 | 铝 | 2 |
| 88 | | 4 号轴 | 铝 | 3 |
| 89 | | 5 号轴 | 铝 | 1 |
| 90 | | 6 号轴 | 铝 | 2 |
| 91 | | 7 号轴 | 铝 | 1 |
| 92 | | 8 号轴 | 铝 | 1 |
| 93 | | $\phi20\times3$ 圆柱垫圈(中间孔 $\phi6$) | 铝 | 8 |

**续表三**

| 序号 | 编号 | 名称 | 材料 | 数量 |
| --- | --- | --- | --- | --- |
| 94 | | $\phi$20 × 10 圆柱垫圈(中间孔 $\phi$6) | 铝 | 2 |
| 95 | | $\phi$20 × 5 圆柱垫圈(中间孔 $\phi$12) | 铝 | 3 |
| 96 | M6×50 | 十字沉头螺栓 | 铝 | 5 |
| 97 | M6×40 | 十字沉头螺栓 | 铝 | 5 |
| 98 | M6×16 | 十字沉头螺栓 | 铝 | 5 |
| 99 | M6×30 | 十字沉头螺栓 | 铝 | 5 |
| 100 | M6×35 | 十字沉头螺栓 | 铝 | 5 |
| 101 | M6×40 | 六方螺栓 | 铝 | 10 |
| 102 | M6×45 | 六方螺栓 | 铝 | 6 |
| 103 | M6×16 | 一字圆柱头螺栓 | 铝 | 5 |
| 104 | | 梅花手轮 | 铝 | 2 |
| 105 | | 锁套 | 铝 | 3 |
| 106 | | 1 号台阶螺丝(短丝) | 铁 | 5 |
| 107 | | 2 号台阶螺丝(长丝) | 铁 | 8 |
| 108 | | 3 号台阶螺丝(长丝) | 铜 | 5 |
| 109 | | M6 尖底紧定螺钉 | | 6 |
| 110 | | $\phi$10 外卡 | | 6 |

# 附录 2 机构创意组合实验题目

### 1. 刮雨器传动装置

要求：

(1) 原动件整周旋转，输出摇杆大摆角摆动(相同的摆角)。

(2) 九杆机构。

### 2. 车门启闭机构

要求：

(1) 气缸驱动。

(2) 车门开启角度 90°。

### 3. 电风扇摇头机构

要求：

(1) 电机驱动。

(2) 电风扇左右摆动。

(3) 有高副机构。

### 4. 增大 Cam 升程角的转动导杆和凸轮机构

要求：

(1) 曲柄为输入件。

(2) 凸轮与导杆相连。

(3) 当曲柄转过 90° 时，凸轮与导杆一起转过 180°。

### 5. 插床的双滑块急回机构

要求：

(1) 输出滑块做往复运动，要有急回特性。

(2) 中间滑块只在作调整输出滑块的行程时使用。

### 6. 手动冲床

要求：

使扳动手柄的力获得两次放大。

### 7. 插床机构

要求：

(1) 具有急回特性，$\theta = 30°$。

(2) 插刀实现大行程往复运动。

(3) 运动传递由电机→齿轮减速→原动件曲柄→…→输出件插刀。

### 8. 自动手套机大行程往复运动机构

要求：

(1) 输出件实现大行程往复运动。

(2) 运动传递由电机→齿轮减速→原动件→…→输出件。

### 9. 行程速比系数 $K=1$ 的平面连杆机构

要求：

(1) 行程速比系数 $K=1$。

(2) 运动传递由电机→齿轮减速→原动件曲柄→…→输出件。

### 10. 牛头刨主切削运动

要求：

(1) $\theta=30°$。

(2) 运动传递由机→齿轮减速→导杆→滑块。

### 11. 料仓自动出料门

要求：

(1) 门关闭后实现自锁。

(2) 通过电机带动实现自动操作。

(3) 可提供的机构有杆、凸轮、齿轮、蜗杆、气缸。

### 12. 颚式破碎机偏心铰链连杆机构

要求：

(1) 挤压力放大 30 倍。

(2) 摆杆角度 $10°\pm5°$。

### 13. 压力机

要求：

(1) 设计一六杆机构。

(2) 输入运动形式为气缸。

(3) 输出运动为往复直线运动。

### 14. 插齿机主动机构

要求：

(1) 设计一六杆机构。

(2) 输入运动形式为电机。

(3) 输出运动为往复直线运动。

### 15. 冲孔用送料机构

要求：

使用连杆机构完成如图 F2.1 所示功能的送料机构。

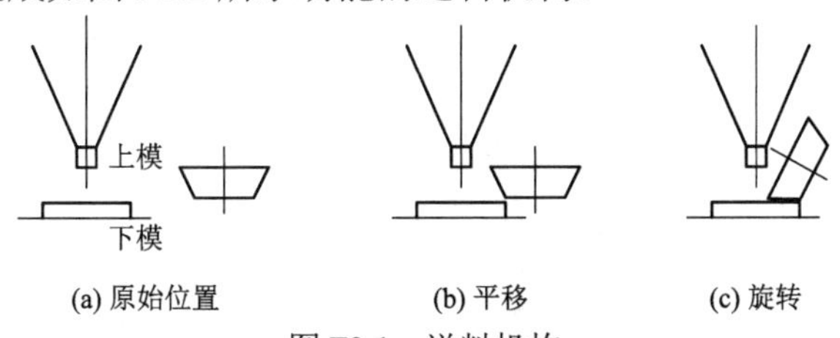


图 F2.1　送料机构

说明：本实验题目仅供参考，学生也可自拟题目，经实验老师同意后，方可参加实验。

# 附录3　机构运动创新设计方案实验台组件清单

| 序号 | 名称 | 图示及图号 | 规　格 | 数量 | 使用说明和标号 |
|---|---|---|---|---|---|
| 1 | 凸轮<br>高副锁紧弹簧 |  JYF10 　JYF19 | 推程 30 mm<br>回程 30 mm | 各 4 | 凸轮推/回程均为正弦加速度运动规律 1 |
| 2 | 齿轮 |  JYF8<br>JYF7 | 标准直齿轮<br>$z=34$<br>$z=42$ | 4<br>4 | 2-1<br>2-2 |
| 3 | 齿条 | 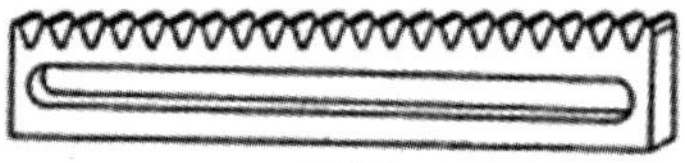 JYF9 | 标准直齿条 | 4 | 3 |
| 4 | 槽轮拨盘 |  JYF11-2 |  | 1 | 4 |
| 5 | 槽轮 |  JYF11-1 | 四槽 | 1 | 5 |

**续表一**

| 序号 | 名称 | 图示及图号 | 规　格 | 数　量 | 使用说明标号 |
|---|---|---|---|---|---|
| 6 | 主动轴 | 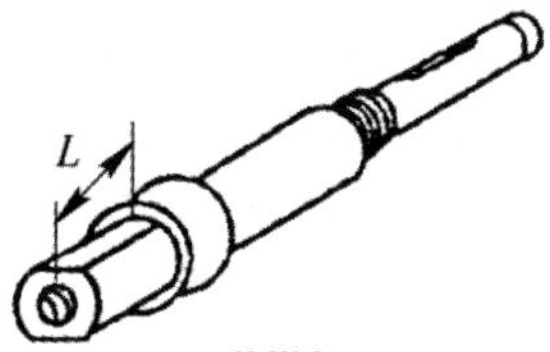 JYF5 | $L = 5$ mm<br>$L = 20$ mm<br>$L = 35$ mm<br>$L = 50$ mm<br>$L = 65$ mm | 4<br>4<br>4<br>4<br>2 | 6-1<br>6-2<br>6-3<br>6-4<br>6-5 |
| 7 | 转动副轴<br>(或滑块) -3 | 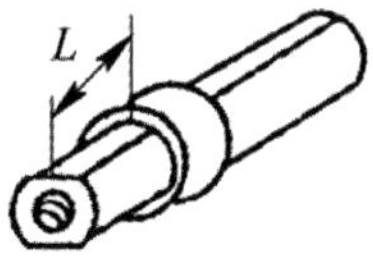 JYF25 | $L = 5$ mm<br>$L = 15$ mm<br>$L = 30$ mm | 6<br>4<br>3 | 7-1<br>7-2<br>7-3 |
| 8 | 扁头轴 | 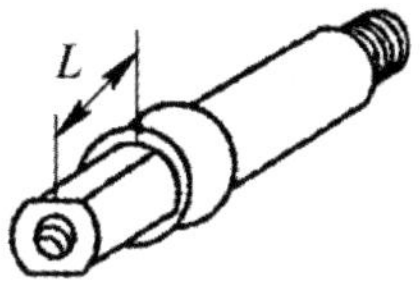 JYF6-2 | $L = 5$ mm<br>$L = 20$ mm<br>$L = 35$ mm<br>$L = 50$ mm<br>$L = 65$ mm | 16<br>12<br>12<br>10<br>8 | 8-1<br>8-2<br>8-3<br>8-4<br>8-5 |
| 9 | 主动滑块插件 |  JYF42 | $L = 40$ mm<br>$L = 55$ mm | 1<br>1 | 与主动滑块座固连，可组成作直线运动的主动滑块。<br>9-1<br>9-2 |
| 10 | 主动滑块座 | 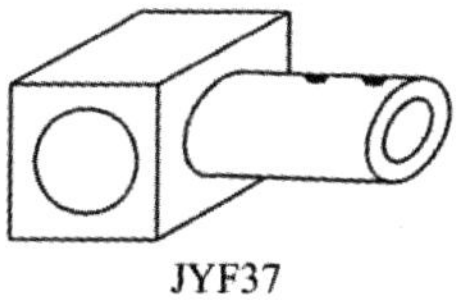 JYF37 | | 1 | 与直线电机齿条固连<br>10 |

**续表二**

| 序号 | 名称 | 图示及图号 | 规　格 | 数　量 | 使用说明和标号 |
|---|---|---|---|---|---|
| 11 | 连杆(或滑块导向杆) | L<br>JYF16 | $L = 50$ mm<br>$L = 100$ mm<br>$L = 150$ mm<br>$L = 200$ mm<br>$L = 250$ mm<br>$L = 300$ mm<br>$L = 350$ mm | 8<br>8<br>8<br>8<br>8<br>8<br>8 | 11-1<br>11-2<br>11-3<br>11-4<br>11-5<br>11-6<br>11-7 |
| 12 | 压紧连杆用特制垫片 | JYF23 | $\phi$6.5 | 16 | 将连杆固定在主动轴或固定轴上时使用<br>12 |
| 13 | 转动副轴(或滑块)-2 | JYF20 | $L = 5$ mm<br>$L = 20$ mm | 各 8 | 与 20 号件配用，可与连杆在固定位置形成转动副。<br>13-1<br>13-2 |
| 14 | 转动副轴(或滑块)-1 | JYF12-1 |  | 16 | 两构件形成转动副时用作滑块使用。<br>14 或 14-1 |
| 15 | 带垫片螺栓 | JYF14 | M6 | 48 | 用于加长转动副轴或固定轴的轴长。<br>15 |
| 16 | 压紧螺栓 | JYF13 | M6 | 48 | 与转动副轴或固定轴配用。<br>16 |

续表三

| 序号 | 名称 | 图示及图号 | 规 格 | 数 量 | 使用说明和标号 |
| --- | --- | --- | --- | --- | --- |
| 17 | 运动构件层面限位套 | 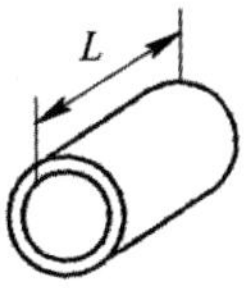 L<br>JYF15 | $L = 5$ mm<br>$L = 15$ mm<br>$L = 30$ mm<br>$L = 45$ mm<br>$L = 60$ mm | 35<br>40<br>20<br>20<br>10 | 17-1<br>17-2<br>17-3<br>17-4<br>17-5 |
| 18 | 电机带轮主动轴皮带轮 |  JYF36<br>JYF45 | 大孔轴(用于旋转电机)<br>小孔轴(用于主动轴) | 3<br>3 | 大皮带轮已安装在旋转电机轴上。<br>18 |
| 19 | 盘杆转动轴 |  JYF24 | $L = 20$ mm<br>$L = 35$ mm<br>$L = 45$ mm | 6<br>6<br>4 | 盘类零件与连杆形成转动副时用。<br>19-1<br>19-2<br>19-3 |
| 20 | 固定转轴块 |  JYF22 |  | 8 | 与 13 号件配用<br>20 |
| 21 | 加长连杆或固定凸轮簧用螺栓螺母 |  JYF21 | M10 | 各 18 | 用于两连杆加长时的锁定用于固定弹簧。<br>21 |
| 22 | 曲柄双连杆部件 | 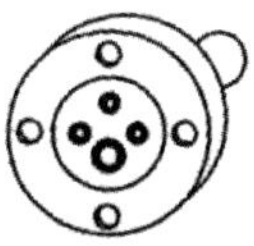 JYF17 | 组合件 | 4 | 22 |

续表四

| 序号 | 名称 | 图示及图号 | 规　格 | 数　量 | 使用说明和标号 |
|---|---|---|---|---|---|
| 23 | 齿条导向板 | 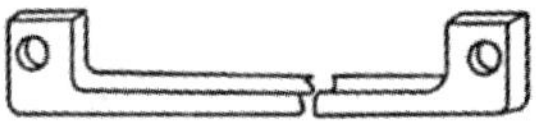 JYF18 | | 8 | 23 |
| 24 | 转动副轴(或滑块)-4 |  JYF12-2 | | 16 | 两构件形成转动副时用作滑块使用。<br>24 |
| 25 | 安装电机座行程开关座用内六角螺栓/平垫 | 标准件 | M8 × 25<br>$\phi 8$ | 各 20 | 与 T 型螺母配合使用 |
| 26 | 内六角螺钉 | 标准件 | M6 × 15 | 4 | 用于将主动滑块座固定在直线电机齿条上 |
| 27 | 内六角紧定螺钉 | 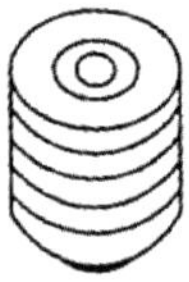 | M6 × 6 mm | 18 | 将盘类零件固定在轴上 |
| 28 | 滑　块 | 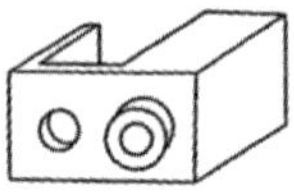 JYF33<br>JYF34 | | 64 | 已与机架相连，支撑轴并在机架平面内沿铅垂方向上下移动 |
| 29 | 实验台机架 | 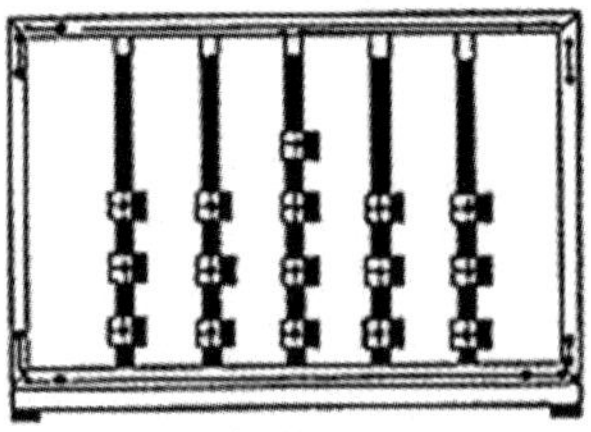 JYF31 | | 4 | 动立柱 5 根。<br>在机架平面沿水平方向移动 |

续表五

| 序号 | 名称 | 图示及图号 | 规格 | 数量 | 使用说明和标号 |
|---|---|---|---|---|---|
| 30 | 立柱垫圈 | 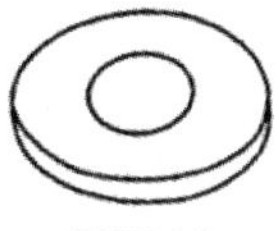 JYF44 | $\phi9$ | 40 | 已与机架相连，用于固定立柱 |
| 31 | 锁紧滑块方螺母 | 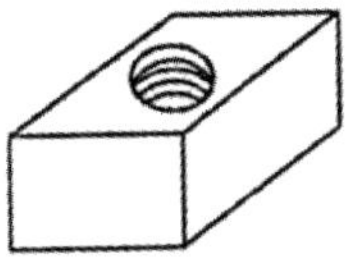 JYF46 | M6 | 64 | 已与滑块相连 |
| 32 | T 形螺母 | 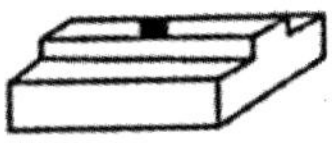 JYF43 | | 20 | 卡在机架的长槽内，可轻松用螺栓固定电机座 |
| 33 | 行程开关支座(配内六角头螺栓平垫) |  JYF40 | JYF-40<br>M5×15<br>$\phi5$ | 2<br>4<br>4 | 用于行程开关与其座的连接行程开关的安装高度可在长孔内进行调节 |
| 34 | 平垫片<br>防脱螺母 | 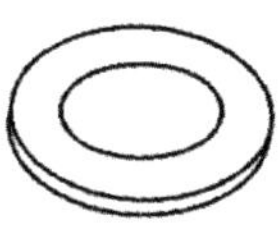  | $\phi17$<br>M12 | 20<br>76 | 使轴用相对机架不转动时用防止轴从机架上脱出 |
| 35 | 转速电机座 |  JYF38 | | 3 | 已与机电相连 |

**续表六**

| 序号 | 名称 | 图示及图号 | 规　格 | 数　量 | 使用说明和标号 |
| --- | --- | --- | --- | --- | --- |
| 36 | 直线电机座 | 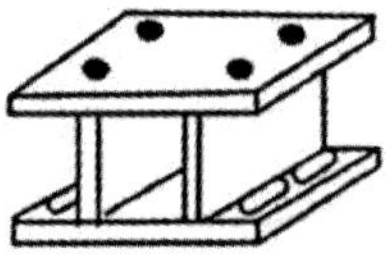 JYF39 | | 1 | 已与电机相连 |
| 37 | 平键 |  | 3 × 15 | 20 | 主动轴与皮带轮的连接 |
| 38 | 直线电机控制器 | | | 1 | 与行程开关配用可控制直线电机的往复运动行程 |
| 39 | 皮　带 | 标 准 件 | O 型 | 3 | |
| 40 | 直线电机<br>旋转电机 | | 10 mm/s<br>10 r/min | 1<br>3 | 配电机行程开关一对 |
| 41 | 工具 | 活动扳手 | 6 寸，8 寸 | 各 1 | |
| | | 内六角扳手 | BM-3C，BM-4C<br>BM-5C，BM-6C | 各 2 | |
| 42 | 使用说明书 | | | 1 | 内附装箱清单 |

# 附录4　实 验 报 告

一、机构运动简图测绘实验报告

二、机构认知实验报告

三、渐开线圆柱直齿轮范成实验报告

四、渐开线齿轮参数测定实验报告

五、曲柄滑块、导杆组合实验报告

六、凸轮廓线检测及模拟加工实验报告

七、机械方案创意设计模拟实验报告

八、轮系设计及其运动特性实验报告

九、刚性转子动平衡实验报告

十、机械设计认知实验报告

十一、机器运动学参数测试实验报告

十二、连接传动综合实验报告

十三、齿轮传动组合设计实验报告

十四、机械系统创意组合及性能分析实验报告

十五、滚动轴承综合性能测试分析实验报告

十六、饼丝机重组设计实验报告

十七、减速器拆装实验报告

十八、摩擦磨损实验报告

十九、减速器综合效率测试实验报告

二十、慧鱼创意设计组合实验报告

(实验报告附后)

# 一、机构运动简图测绘实验报告

| 实验日期 | | 姓名 | | 指导老师 | |
|---|---|---|---|---|---|
| 预习 | | 课堂 | | 报告 | |
| 同组实验者 | | | | | |

**一、实验目的**

**二、实验原理**

## 三、实验步骤

## 四、实验数据

1. 机构 1

(1) 机构名称：

(2) 机构运动简图(要求符号规范并注参数)

(3) $\mu_l$ =____________ m/mm， $n$ =____________， $P_L$ =____________，

$P_H$ =____________， $F = 3n - 2P_L - P_H$ ____________。

(4) 机构的主动件数为____________，机构运动____________(确定还是不确定)。

**2. 机构 2**

(1) 机构名称：

(2) 机构运动简图(要求符号规范并注参数)：

(3) $\mu_l$ =____________m/mm， $n$ =____________， $P_L$ =____________，

$P_H$ =____________， $F = 3n - 2P_L - P_H$ =____________。

(4) 机构的主动件数为____________，机构运动____________ (确定还是不确定)。

## 五、思考题

(1) 什么是机构运动简图？何为运动副？何为低副？何为高副?

(2) 什么是机构的自由度？机构具有确定运动的条件是什么？

# 二、机构认知实验报告

| 实验日期 | | 姓名 | | 指导老师 | |
|---|---|---|---|---|---|
| 预习 | | 课堂 | | 报告 | |
| 同组实验者 | | | | | |

**一、实验原理**

请写出你所搭建的机构的名称，并画出机构运动简图及比例尺，计算机构自由度。

## 二、思考题

(1) 本课程的研究对象是什么？

(2) 举例说明什么是机械、机器和机构。

(3) 举例说明什么是构件，构件和零件有何区别。

(4) 举例说明四大机构在日常生活中应用的实例。

(5) 简述你所组装的平面四杆机构的应用。

# 三、渐开线圆柱直齿轮范成实验报告

| 实验日期 | | 姓名 | | 指导老师 | |
|---|---|---|---|---|---|
| 预习 | | 课堂 | | 报告 | |
| 同组实验者 | | | | | |

**一、实验目的**

**二、实验原理**

三、实验仪器

四、实验步骤

## 五、实验数据

### 1. 原始参数

齿条刀具基本参数：

$m=$ ______，$\alpha=20°$，$h_a^*=1$，$c^*=0.25$。

被切齿轮基本参数：

$m=$ ______，$z=$ ______，$\alpha=$ ______，$h_a^*=$ ______，$c^*=$ ______。

### 2. 齿轮几何参数计算

| 序号 | 名称 | 计 算 公 式 | 计算结果 | | |
|---|---|---|---|---|---|
| | | | 标准齿轮 | 正变位 | 负变位 |
| 1 | 最小变位系数 | $x_{min}=h_a^*(17-z)/17$ | | | |
| 2 | 分度圆半径 | $r=mz/2$ | | | |
| 3 | 基圆半径 | $r_b=(mz\cos a)/2$ | | | |
| 4 | 齿顶高 | $h_a=(h_a^*+x)m$ | | | |
| 5 | 齿根高 | $h_f=(h_a^*+c^*-x)m$ | | | |
| 6 | 全齿高 | $h=h_a+h_f$ | | | |
| 7 | 齿顶圆半径 | $r_a=r+h_a$ | | | |
| 8 | 齿根圆半径 | $r_f=r-h_f$ | | | |
| 9 | 周节 | $p=\pi m$ | | | |
| 10 | 分度圆齿厚 | $s=(\pi m/2)+2xm\tan\alpha$ | | | |
| 11 | 分度圆弦齿厚 | $\bar{s}=2r\sin(\frac{s}{r}\frac{90°}{\pi})$ | | | |

### 3. 实验结果比较

| 项目 | 符号 | 标准齿轮 | | 变位齿轮 | |
|---|---|---|---|---|---|
| | | 测量值 | 计算值 | 测量值 | 计算值 |
| 分度圆半径 | $r$ | | | | |
| 齿根圆半径 | $r_f$ | | | | |
| 全齿高 | $h$ | | | | |
| 分度圆弦齿厚 | $\bar{s}$ | | | | |

4. 标准齿轮齿形、修正齿轮齿形(注上有关尺寸)

# 四、渐开线齿轮参数测定实验报告

| 实验日期 | | 姓名 | | 指导老师 | |
| --- | --- | --- | --- | --- | --- |
| 预习 | | 课堂 | | 报告 | |
| 同组实验者 | | | | | |

**一、实验目的**

**二、实验原理**

## 三、实验仪器

## 四、实验步骤

## 五、实验数据

(1) 给齿轮编号。

① ________________齿数________________。

② ________________齿数________________。

(2) 确定基节。

| 测量次序 | $W_k$ | | $W_{k+1}$ | | $W_{k+1}-W_k$ | |
|---|---|---|---|---|---|---|
| | 齿轮编号(1) | 齿轮编号(2) | 齿轮编号(1) | 齿轮编号(2) | 齿轮编号(1) | 齿轮编号(2) |
| 1 | | | | | | |
| 2 | | | | | | |
| 3 | | | | | | |
| 平均值 | | | | | | |

(3) 确定压力角 $\alpha$ 及模数 $m$。

| 序号 | $\alpha$ | $m=\dfrac{P_b}{\pi\cos\alpha}$ | |
|---|---|---|---|
| 1 | 20° | | |
| 2 | 15° | | |
| 标准值 | | | |

(4) 确定变位系数 $X$。

| $s_b=kW_k-(k-1)W_{k+1}$ | | $X=\left(\dfrac{s_b}{m\cos\alpha}-z\times\mathrm{inv}\alpha-\dfrac{\pi}{2}\right)\times\dfrac{1}{2\tan\alpha}$ | |
|---|---|---|---|
| 齿轮编号(1) | 齿轮编号(2) | 齿轮编号(1) | 齿轮编号(2) |
| | | | |

注：$\mathrm{inv}\alpha$ 为压力角的渐开线函数，当 $\alpha=15°$ 时，$\mathrm{inv}\alpha=0.061\,498$；当 $\alpha=20°$ 时，$\mathrm{inv}\alpha=0.014\,904$。

(5) 确定 $d_a$ 和 $d_f$。

奇数齿按下表来确定。

| 测量次序 | $D$ | | $H_a$ | | $H_f$ | |
|---|---|---|---|---|---|---|
| | 齿轮编号(1) | 齿轮编号(2) | 齿轮编号(1) | 齿轮编号(2) | 齿轮编号(1) | 齿轮编号(2) |
| 1 | | | | | | |
| 2 | | | | | | |
| 3 | | | | | | |
| 平均值 | | | | | | |

| $d_a = D + 2H_a$ | | $d_f = D + 2H_f$ | |
|---|---|---|---|
| 齿轮编号(1) | 齿轮编号(2) | 齿轮编号(1) | 齿轮编号(2) |
| | | | |

偶数齿可直接测量 $d_a$、$d_f$。

| 测量次数 | $d_a$ | | $d_f$ | |
|---|---|---|---|---|
| | 齿轮编号(1) | 齿轮编号(2) | 齿轮编号(1) | 齿轮编号(2) |
| 1 | | | | |
| 2 | | | | |
| 3 | | | | |
| 平均值 | | | | |

(6) 确定 $h_a^*$、$c^*$。

| | $h_a^* + c^* = \dfrac{d - d_f}{2m} + x$ | $h_a^*$ | $c^*$ |
|---|---|---|---|
| 齿轮编号(1) | | | |
| 齿轮编号(2) | | | |

注：$d$ 为分度圆直径。

# 五、曲柄滑块、导杆组合实验报告

| 实验日期 |  | 姓名 |  | 指导老师 |  |
| --- | --- | --- | --- | --- | --- |
| 预习 |  | 课堂 |  | 报告 |  |
| 同组实验者 |  |  |  |  |  |

**一、实验目的**

**二、实验原理**

三、实验仪器

四、实验步骤

## 五、思考题

(1) 该实验台能组装几种不同的传动方案机构？写出各种传动方案机构的名称。

(2) 绘制和比较同一种机构的理论曲线与实际曲线，比较理论线与实际曲线的差异，分析其原因。

(3) 比较曲柄滑块机构与曲柄导杆机构的性能差别。

(4) 采用不同的凸轮轮廓线或接触副，对直动从动件运动规律有哪些影响？

(5) 比较曲柄滑块机构与曲柄导杆机构理论运动线图与实测运动线图有哪些差异，分析其产生原因。

# 六、凸轮廓线检测及模拟加工实验报告

| 实验日期 | | 姓名 | | 指导老师 | |
|---|---|---|---|---|---|
| 预习 | | 课堂 | | 报告 | |
| 同组实验者 | | | | | |

**一、实验目的**

**二、实验原理**

分别写明检测和模拟加工原理。

## 三、实验数据

| 升程 $h$ = | 推程运动角 = | 回程运动角 $\phi'$ = | 偏心距 $e$ = |
|---|---|---|---|
| 近休止角 $_s$= | 远休止角 $\phi_s'$ = | 基圆半径 $r_0$ = | 滚子半径 $r_r$ = |
| 推程运动规律： | | 回程运动规律： | |

## 四、实验结果

利用实验得到的运动线图，分析凸轮机构的运动特点。

**五、思考题**

(1) 凸轮实际轮廓线不变时，改变从动件的接触形式或位置，从动件的运动规律是否发生变化?为什么?

(2) 凸轮机构的理论轮廓线一定时，若取不同的滚子半径，实际廓线是否发生变化?为什么?

# 七、机械方案创意设计模拟实验报告

| 实验日期 | | 姓名 | | 指导老师 | |
|---|---|---|---|---|---|
| 预习 | | 课堂 | | 报告 | |
| 同组实验者 | | | | | |

**一、实验目的**

## 二、实验原理

根据实验内容，选择和构思机构运动方案。要求画出其运动简图，说明其机构运动传递情况，并就该机构的应用作简要说明。

| 机构名称 | 机构运动简图 | 运动特点及应用 |
| --- | --- | --- |
| | | |

## 三、实验结果

(1) 按比例绘制实际拼装的机构运动方案简图，并在简图中标注实测尺寸。

(2) 简要说明机构杆组的拆装过程，并画出所拆机构杆组简图。(学过机械原理课程的学生完成此项)

(3) 观察分析拼装机构的运动情况，简要说明从动件的运动规律，分析拼装机构的实际运动情况是否符合设计要求。

(4) 通过实验分析原设计构思的机构运动方案是否还有缺陷，应如何进行修正和改进？若用不同的杆组进行机构拼装，还可得到哪些机构运动方案?用机构运动简图图示创新机构运动方案，并简要说明理由。

## 四、思考题

(1) 机构拼接过程中应注意哪些问题?

(2) 在机构设计中如何考虑机构替代问题?

(3) 机构拼接中是否发生干涉?有无“憋劲”现象？产生干涉、“憋劲”的原因是什么？应采取什么措施消除?

(4) 你所拼接的机构属于何种形式的平面机构？具有什么特性？

(5) 分析你所拼接机构的运动，计算其中某一点(如各杆件的连接处)在特殊位置的速度及加速度。

**五、实验心得和建议**

# 八、轮系设计及其运动特性实验报告

| 实验日期 | | 姓名 | | 指导老师 | |
|---|---|---|---|---|---|
| 预习 | | 课堂 | | 报告 | |
| 同组实验者 | | | | | |

**一、实验目的**

**二、实验原理**

## 三、实验步骤

## 四、实验结果

(1) 设计轮系系统方案。

(2) 计算各种轮系的传动比。

(3) 分析理论传动比与实际传动比之间的误差。

**五、思考题**

(1) 何谓周转轮系的转化轮系？为什么可用周转轮系的转化轮系来计算其传动比？

(2) 能否通过给整个复合轮系加上一个公共的角速度($\omega_H$)来计算整个轮系的传动比？为什么？

# 九、刚性转子动平衡实验报告

| 实验日期 | | 姓名 | | 指导老师 | |
|---|---|---|---|---|---|
| 预习 | | 课堂 | | 报告 | |
| 同组实验者 | | | | | |

**一、实验目的**

**二、实验数据**

| 实验机型号 | | 转子质量 | | 实验转速 | |
|---|---|---|---|---|---|
| 校正质量安装半径和转子的几何尺寸 | | | 转子的安装形式简图 | | |
| 左校正半径 $R_1$ | | | | | |
| 右校正半径 $R_2$ | | | | | |
| $A=$ | | | | | |
| $B=$ | | | | | |
| $C=$ | | | | | |

| 实 验 记 录 | | | | | |
|---|---|---|---|---|---|
| | 第 1 次 | 第 2 次 | 第 3 次 | 第 4 次 | 第 5 次 |
| 左端不平衡质量 | | | | | |
| 左端不平衡相位量 | | | | | |
| 左端剩余不平衡量 | | | | | |
| 右端不平衡质量 | | | | | |
| 右端不平衡相位量 | | | | | |
| 右端剩余不平衡量 | | | | | |

## 三、思考题

(1) 当转子$b/D<0.2$和$b/D\geqslant 0.2$时，应分别进行什么平衡实验(动平衡还是静平衡)？

(2) 动平衡实验适用于哪些类型的零件？试件经动平衡后是否满足静平衡要求？为什么？

(3) 动平衡实验机检测不平衡质量大小的原理是什么?

(4) 动平衡实验机检测不平衡质量方位的原理是什么?

# 十、机械设计认知实验报告

| 实验日期 | | 姓名 | | 指导老师 | |
|---|---|---|---|---|---|
| 预习 | | 课堂 | | 报告 | |
| 同组实验者 | | | | | |

**一、实验原理**

请写出你所搭建的机构传动线路，并画出传动方案运动示意图，分析传动特点。

## 二、思考题

(1) 举例说明什么是通用零件和专用零件。

(2) 在机械产品中，任选一种传动件，分析其工作原理、特点和应用场合， 并画出传动示意图。

(3) 比较说明圆柱齿轮传动与圆锥齿轮传动的特点。

# 十一、机器运动学参数测试实验报告

| 实验日期 | | 姓名 | | 指导老师 | |
|---|---|---|---|---|---|
| 预习 | | 课堂 | | 报告 | |
| 同组实验者 | | | | | |

**一、实验目的**

## 二、实验内容

(1) 绘制机械系统的功能结构图。

(2) 进行形态学矩阵分析。

(3) 绘制运动循环图。

**三、实验心得和建议**

# 十二、连接传动综合实验报告

| 实验日期 |  | 姓名 |  | 指导老师 |  |
| --- | --- | --- | --- | --- | --- |
| 预习 |  | 课堂 |  | 报告 |  |
| 同组实验者 |  |  |  |  |  |

**一、实验目的**

**二、实验仪器**

## 三、实验原理

## 四、实验结果

(1) 画出带传动的效率曲线和滑差率曲线。

(2) 绘制回转轴瓦承载区的径向和轴向压力分布曲线。

## 五、思考题

(1) 观察螺栓组连接实验中螺栓组应力分布和变化曲线，并分析该应力分布和变化曲线出现的原因。

(2) 观察带传动中滑差曲线与效率曲线变化，分析造成这种变化的原因。

(3) 观察回转轴瓦承载区的径向和轴向压力分布曲线，分析一下出现这种曲线的原因。

(4) 主动链链轮的齿数是多运转平稳还是少运转平稳？链轮链条节距是越大越平稳还是越小越平稳，为什么？

(5) 分析造成螺栓应力变化的因素有哪些。

(6) 分析系统运转速度波动的原因及改善的方法。

# 十三、齿轮传动组合设计实验报告

| 实验日期 | | 姓名 | | 指导老师 | |
|---|---|---|---|---|---|
| 预习 | | 课堂 | | 报告 | |
| 同组实验者 | | | | | |

**一、实验目的**

**二、实验仪器**

## 三、实验结果

(1) 绘制所组装的齿轮传动组合方案图。

(2) 按 1∶1 比例完成轴系设计的装配图，只标注轴的长度、直径(画在附后的一页 8K 纸上)。

## 四、思考题

(1) 齿轮传动组合中，主要零件的作用和功能如下：

| 名 称 | 作 用 |
| --- | --- |
| 齿轮 | |
| 密封件 | |
| 轴承座 | |
| 轴承盖 | |
| 轴承 | |
| 轴 | |

(2) 齿轮传动组合中，轴向力是通过哪些零件传递到轴承座上的？

(3) 齿轮传动组合中，轴承内外环采用什么固定方式？

(4) 齿轮传动组合中，齿轮径向是如何定位的？齿轮轴向是如何定位的？

# 十四、机械系统创意组合及性能分析实验报告

| 实验日期 | | 姓名 | | 指导老师 | |
|---|---|---|---|---|---|
| 预习 | | 课堂 | | 报告 | |
| 同组实验者 | | | | | |

**一、实验目的**

**二、实验仪器**

## 三、实验原理

该实验系统由哪几部分组成？可完成哪些实验内容？

## 四、实验结果

(1) 画出所组装的系统传动方案图。

(2) 绘制系统的效率曲线。

**五、思考题**

(1) 在组装过程中，哪些因素影响系统的传动效率？

(2) 蜗轮蜗杆减速器与圆柱齿轮减速器的传动效率是否一样？为什么？

# 十五、滚动轴承综合性能测试分析实验报告

| 实验日期 | | 姓名 | | 指导老师 | |
|---|---|---|---|---|---|
| 预习 | | 课堂 | | 报告 | |
| 同组实验者 | | | | | |

**一、实验目的**

**二、实验设备**

三、实验原理

四、实验步骤

## 五、实验结果

### 1. 轴承外圈上的载荷分布

轴上径向载荷 $F_R$ =____N，作用点 $l_1 = l/2$。

轴承上径向载荷 $F_{r1} = F_{r2}$ =____N。

轴承派生轴向力 $S_1 = S_2 = F_r$ =______N。

<table>
<tr><td colspan="2">轴上轴向载荷 $F_A$/N</td><td></td><td></td><td></td><td></td></tr>
<tr><td rowspan="2">轴承上轴向载荷/N</td><td>$A_1$</td><td></td><td></td><td></td><td></td></tr>
<tr><td>$A_2$</td><td></td><td></td><td></td><td></td></tr>
<tr><td rowspan="9">应变片应变值</td><td>序号</td><td>圆锥滚子轴承</td><td>圆锥滚子轴承</td><td>圆锥滚子轴承</td><td>圆锥滚子轴承</td></tr>
<tr><td>1</td><td></td><td></td><td></td><td></td></tr>
<tr><td>2</td><td></td><td></td><td></td><td></td></tr>
<tr><td>3</td><td></td><td></td><td></td><td></td></tr>
<tr><td>4</td><td></td><td></td><td></td><td></td></tr>
<tr><td>5</td><td></td><td></td><td></td><td></td></tr>
<tr><td>6</td><td></td><td></td><td></td><td></td></tr>
<tr><td>7</td><td></td><td></td><td></td><td></td></tr>
<tr><td>8</td><td></td><td></td><td></td><td></td></tr>
<tr><td>轴承承载区图</td><td></td><td></td><td></td><td></td><td></td></tr>
</table>

(2) 轴承元件上的载荷及应力变化规律。

轴上径向载荷 $F_R$ = __________N，作用点位置 $l_1 = l/2$，轴向载荷 $F_A$ = __________N，转速 $n$ = __________r/min。

| 轴承外圈各点应变值 | 应变片号 | 1 | 2 | 3 | 4 | 5 | 6 | 7 | 8 |
| --- | --- | --- | --- | --- | --- | --- | --- | --- | --- |
| | 应变值 | | | | | | | | |
| 轴承外圈(固定套圈)上 1～5 点的载荷及应力变化图 | | | | | | | | | |
| 滚动体上某点载荷及应力变化模拟图 | | | | | | | | | |

| 轴承内圈(转动套圈)上某点载荷及应力变化模拟图 | |
|---|---|

## 六、思考题

(1) 影响滚动轴承径向载荷分布的因素有哪些？

(2) 滚动轴承径向载荷分布规律是什么？

# 十六、饼丝机重组设计实验报告

| 实验日期 | | 姓名 | | 指导老师 | |
|---|---|---|---|---|---|
| 预习 | | 课堂 | | 报告 | |
| 同组实验者 | | | | | |

**一、实验目的**

**二、实验设备**

## 三、实验原理

## 四、实验结果

(1) 计算饼丝宽度。

(2) 在饼丝机宽度不变时，如何改进传动系统？

## 五、思考题

(1) 用什么措施可以提高齿轮啮合的重合度？影响重合度的因素有哪些？

(2) 分度圆与节圆、压力角与啮合角的区别分别是什么？

(3) 齿轮的齿顶圆是否一定大于齿根圆？有没有基圆大于分度圆的情况？

(4) 因为渐开线齿廓具有可分性，是否可以说中心距误差无论多大都没有关系？

# 十七、减速器拆装实验报告

| 实验日期 |  | 姓名 |  | 指导老师 |  |
|---|---|---|---|---|---|
| 预习 |  | 课堂 |  | 报告 |  |
| 同组实验者 |  |  |  |  |  |

**一、实验目的**

**二、实验设备**

(1) 观察减速器整机并说明设备名称和传动级数。

(2) 说明以下附件的作用及安装位置。

① 通气器：

② 窥视孔(检查孔)：

③ 定位销：

④ 启箱螺钉：

⑤ 油面指示器：

## 三、实验原理

减速器的拆卸过程如下：

(1) 机盖：

(2) 低速轴轴系部件：

## 四、思考题

(1) 通过观察判定轴承的润滑方式是脂润滑还是油润滑，说明其润滑条件是什么。

(2) 滚动轴承组合的轴向间隙调整是通过什么方法实现的？

(3) 轴外伸端与轴承端盖孔间的密封类型有哪些？密封的应用条件如何？密封的效果怎样？

# 十八、摩擦磨损实验报告

| 实验日期 | | 姓名 | | 指导老师 | |
|---|---|---|---|---|---|
| 预习 | | 课堂 | | 报告 | |
| 同组实验者 | | | | | |

**一、实验预习**

**二、实验目的**

三、实验设备

四、实验原理

## 五、实验步骤

## 六、实验结果

(1) 工控机控制界面(粘贴第一张数据图)：

(2) 摩擦副形式：

(3) 实验条件：

实验力：_______N。

环境温度：室温。

实验转速：_______r/min。

实验时间：正常运转 10 min。

润滑条件：______________。

(4) 摩擦样品：

(5) 磨损量鉴定：

(6) 实验结果(粘贴第二、三张实验数据图)：

## 七、思考题

(1) 在不同载荷下，各类摩擦的摩擦系数、摩擦力矩、摩擦功的变化规律是什么？

(2) 对滑动摩擦、滚动摩擦、滚动滑动复合摩擦三类摩擦进行计量比较。

# 十九、减速器综合效率测试实验报告

| 实验日期 | | 姓名 | | 指导老师 | |
|---|---|---|---|---|---|
| 预习 | | 课堂 | | 报告 | |
| 同组实验者 | | | | | |

**一、实验预习**

**二、实验目的**

## 三、实验设备

## 四、实验原理

## 五、实验步骤

## 六、实验结果

(1) 当转速恒定时，改变负载，记录实验数据，确定输入功率和输出功率。

输入转速 $n_1$=____，输出转速 $n_2$=____。

| 输入轴负载 $T_1$ | | | | | |
|---|---|---|---|---|---|
| 输出轴负载 $T_2$ | | | | | |

根据公式 $T=\dfrac{9550P}{n}$ 计算输入输出功率 $P_1$ 和 $P_2$，并计算减速器效率 $\eta_1$。

| 输入功率 $P_1$ | | | | | |
|---|---|---|---|---|---|
| 输出功率 $P_2$ | | | | | |
| 效率 $\eta_1=\dfrac{P_1}{P_2}$ | | | | | |

分析实验数据，确定负载变化对减速器效率的影响。

(2) 当负载恒定时，改变转速，确定输入功率和输出功率。

输入轴负载 $T_1$=____，输出轴负载 $T_2$=____。

| 输入转速 $n_1$ | | | | | |
|---|---|---|---|---|---|
| 输出转速 $n_2$ | | | | | |

根据公式 $T=\dfrac{9550P}{n}$ 计算输入输出功率 $P_1$ 和 $P_2$，并计算减速器效率 $\eta_1$。

| 输入功率 $P_1$ | | | | | |
|---|---|---|---|---|---|
| 输出功率 $P_2$ | | | | | |
| 效率 $\eta_1=\dfrac{P_2}{P_1}$ | | | | | |

分析实验数据，确定转速变化对减速器效率的影响。

(3) 当转速和负载恒定不变时，改变齿轮端面到挡板的距离，记录实验数据。

① 当齿轮端面到挡板的距离 $s = 30$ mm 时：

输入转速 $n_1$=____，输入扭矩 $T_1$=____，输入功率 $P_1$=____。

输出转速 $n_2$=____，输出扭矩 $T_2$=____，输出功率 $P_2$=____。

减速器效率 $\eta_1=\dfrac{P_2}{P_1}$=______。

实验台运行 10 min，记录温度传感器的数据：

| | |
|---|---|
| 高速轴承的初始温度 $t_0$ | |
| 低速轴承的初始温度 $t_0'$ | |
| 齿轮箱润滑油的初始温度 $t_0''$ | |
| 高速轴承的终止温度 $t_1$ | |
| 低速轴承的终止温度 $t_1'$ | |
| 齿轮箱润滑油的终止温度 $t_1''$ | |

搅油损耗 $P_{搅}$=________________________。

搅油效率 $\eta = \frac{P_{搅}}{P_1}$=____________________。

轴承损耗 $N_R$=________________________。

② 当齿轮端面到挡板的距离 $s = 10$ mm 时：

输入转速 $n_3$=____，输入扭矩 $T_3$=____，输入功率 $P_3$=____。

输出转速 $n_4$=____，输出扭矩 $T_4$=____，输出功率 $P_4$=____。

减速器效率 $\eta_2 = \frac{P_3}{P_4}$=_____。

实验台运行 10 min，记录温度传感器的数据。

| 高速轴承的初始温度 $t_0$ | |
| --- | --- |
| 低速轴承的初始温度 $t_0'$ | |
| 齿轮箱润滑油的初始温度 $t_0''$ | |
| 高速轴承的终止温度 $t_1$ | |
| 低速轴承的终止温度 $t_1'$ | |
| 齿轮箱润滑油的终止温度 $t_1''$ | |

搅油损耗 $P_{搅}$ = __________。

搅油效率 $\eta = \frac{P_{搅}}{P_3}$ = ________。

轴承损耗 $N_R$= ____________。

(4) 更换齿轮箱中的润滑油，测量在不同黏度的润滑油下减速器的效率和搅油效率。

## 七、思考题

(1) 对记录的实验数据进行计算并分析，确定减速器效率和搅油损耗是否和箱体的结构尺寸有关系。

(2) 思考轴承损耗和搅油损耗对实验的意义。

# 二十、慧鱼创意设计组合实验报告

| 实验日期 | | 姓名 | | 指导老师 | |
|---|---|---|---|---|---|
| 预习 | | 课堂 | | 报告 | |
| 同组实验者 | | | | | |

**一、实验目的**

**二、实验要求**

三、实验步骤

四、实验设备

## 五、实验结果

(1) 画出所设计机械的简图并作简要说明。

(2) 罗列实验中出现的问题及解决方案。

**六、思考题**

(1) 针对设计题目，简要说明自己的设计思路、可行性及创新性。

(2) 绘制机器的原理方案图，简要说明其组成结构和工作原理。

(3) 总结经验教训，提出合理化建议。

(4) 简要说明所设计机器的运动控制方法和原理。

(5) 在自己设计的模型中，采用了哪些机械传动方式？

姓名：________________　　　　　　学号：________________

# 实验报告成绩表

| 序　　号 | 实验名称 | 预习 | 课堂 | 报告 | 总计 |
|---|---|---|---|---|---|
| 一 | 机构运动简图测绘实验 | | | | |
| 二 | 机构认知实验 | | | | |
| 三 | 渐开线圆柱直齿轮范成实验 | | | | |
| 四 | 渐开线齿轮参数测定实验 | | | | |
| 五 | 曲柄滑块、导杆组合实验 | | | | |
| 六 | 凸轮廓线检测及模拟加工实验 | | | | |
| 七 | 机械方案创意设计模拟实验 | | | | |
| 八 | 轮系设计及其运动特性实验 | | | | |
| 九 | 刚性转子动平衡实验 | | | | |
| 平均分值 | | | | | |
| 十 | 机械设计认知实验 | | | | |
| 十一 | 机器运动学参数测试实验 | | | | |
| 十二 | 连接传动综合实验 | | | | |
| 十三 | 齿轮传动组合设计实验 | | | | |
| 十四 | 机械系统创意组合及性能分析实验 | | | | |
| 十五 | 滚动轴承综合性能测试分析 | | | | |
| 十六 | 饼丝机重组设计实验 | | | | |
| 十七 | 减速器拆装实验 | | | | |
| 十八 | 摩擦磨损实验 | | | | |
| 十九 | 减速器综合效率测试实验 | | | | |
| 二十 | “慧鱼”创意设计组合实验 | | | | |
| 平均分值 | | | | | |